# 建筑设备 BIM 技术入门

韩沐昕　主编

哈尔滨工业大学出版社

# 内 容 提 要

建筑信息模型化技术(BIM)是建筑信息化浪潮中最前沿的技术之一,广大建筑设备专业的师生和从业者迫切需要快速掌握 BIM 相关软件的使用方法,提高工作效率、降低成本。本书从建筑设备专业工程实际出发,以实例操作的方式,深入地介绍了建筑设备专业最实用的 3 款 BIM 软件:Revit、Navisworks 和 Dynamo,为读者详细讲解其使用范例。本书主要内容包括 3 部分:

(1)Revit 建筑设计初步;Revit 协同工作方法;建筑设备专业设备布置及系统设计;Revit 输出;Revit-Mep 族的创建方法。

(2)Navisworks 审阅、模型检查;Navisworks 动画与施工模拟。

(3)Dynamo 参数化、可视化 BIM 设计初步。

本书适合建筑行业及其相关专业的设计人员、施工管理人员、高校师生及 BIM 技术爱好者使用。书中提供了大量初级实用实例,有助于上述读者快速入门,将其应用在实际工程中,提高效率、降低成本。

**图书在版编目(CIP)数据**

建筑设备 BIM 技术入门/韩沐昕主编. —哈尔滨:哈尔滨
工业大学出版社,2020.1
ISBN 978 - 7 - 5603 - 8636 - 2

Ⅰ.①建… Ⅱ.①韩… Ⅲ.①房屋建筑设备－建筑设备－
计算机辅助设计－应用软件 Ⅳ.①TU8－39

中国版本图书馆 CIP 数据核字(2020)第 016477 号

策划编辑　王桂芝
责任编辑　佟雨繁　陈雪巍
出版发行　哈尔滨工业大学出版社
社　　址　哈尔滨市南岗区复华四道街 10 号　邮编150006
传　　真　0451－86414749
网　　址　http://hitpress.hit.edu.cn
印　　刷　黑龙江艺德印刷有限责任公司
开　　本　787mm×1092mm　1/16　印张 14.25　字数 360 千字
版　　次　2020 年 1 月第 1 版　2020 年 1 月第 1 次印刷
书　　号　ISBN 978 - 7 - 5603 - 8636 - 2
定　　价　45.00 元

# 前　言

建筑信息模型化技术（Building Information Modeling，又称建筑信息模拟），简称 BIM，是由充足信息构成的、能够支持新产品开发管理的，并可由计算机应用程序直接解释的建筑或建筑工程信息模型，即以数字技术为支撑的对建筑环境的生命周期管理。它是建筑学、工程学及土木工程学的新工具，由 Autodesk 公司在 2002 年率先研发。实践证明，建筑信息模型化技术有助于提高设计效率、降低工程成本和改进工程质量，从而提高经济效益。目前在国内以 BIM 技术为核心的三维设计方式和工作流程正在逐渐取代传统二维制图和校对的工作模式。所谓"工欲善其事，必先利其器"，建筑设备专业的广大师生和从业者迫切需要掌握一款或几款得力的 BIM 工具软件来协助其完成 BIM 实施方案。

Revit、Navisworks 和 Dynamo 是 Autodesk 公司针对建筑行业推出的 BIM 三维参数化系列软件。Revit 主要用于建筑、设备及管道设计；Navisworks 软件主要用于实现设计协调、施工过程管理、多信息集成应用，可用于三维模型的审阅、施工模拟；Dynamo 主要用于三维参数化设计的可视化编程。

本书编者在 BIM 教学和实践过程中，积累了丰富的经验和技巧，为帮助更多的读者认识、了解和使用这 3 款软件，编写了本书。本书在内容和形式上具有以下四个特点。

（1）作为 BIM 入门教材，本书的内容选取以必需、够用为原则，内容贴近工程实际需要，并选用了大量的工程实例。

（2）本书并不是一本 BIM 手册式工具书，而是一本以工作过程（即软件实际操作过程）为导向的教材。

（3）本书在叙述软件实际操作过程时，配有大量操作截图，便于读者在操作软件时对照使用。

（4）本书附有大量的网络资源，可以通过扫描封底的二维码获取相关资料。由于纸质图书在表述形式和篇幅上存在局限性，一是不能生动形象地表达所要阐述的内容，二是教材限于篇幅，不能完整阐述 BIM 技术领域内的标准规范、计算方法和新技术，因此本书编者利用网络技术，与读者共享 BIM 附属设备相关资源，使读者通过多媒体技术能快速掌握书中阐述的内容。同时，通过网络资源的方式，扩展了本书的内容，使读者能更广泛地了解 BIM 技术领域内的各种知识，具体形式有以下两种：①教学资料——书中存储有原理动画、工程视频、标准规范、工程图纸、教学课件、研究文章、设备实物照片；②网络课程——智慧职教堂"BIM 技术应用（建筑设备）"课程是配套本书的教学实例。

本书共 11 章,由黑龙江建筑职业技术学院韩沐昕主编,黑龙江建筑职业技术学院沈义、高秋生、温琳、李宝昌、王全福参编,具体编写分工如下:韩沐昕负责编写第 4～8 章;沈义负责编写第 2、3 章;高秋生负责编写第 1 章;温琳负责编写第 9 章;李宝昌负责编写第 10 章;王全福负责编写第 11 章。

限于编者水平,书中难免存在疏漏及不妥之处,敬请读者批评指正。

编　者

2020 年 1 月

2

# 目　　录

# 第1章 概　　述

## 1.1　BIM 概述

### 1.1.1　建筑信息化模型

建筑信息化模型(BIM)的英文全称是 Building Information Modeling,是一个完备的信息模型,能够将工程项目在全生命周期中各个不同阶段的工程信息、过程和资源集成在一个模型中,以方便工程各参与方使用。通过三维数字技术模拟建筑物所具有的真实信息,为工程设计和施工提供相互协调、内部一致的信息模型,使该模型达到设计、施工的一体化,各专业协同工作,从而降低了工程生产成本,保障工程按时、保质完成。

### 1.1.2　BIM 的特点

#### 1. 可视化

近几年建筑业的建筑形式各异,复杂造型不断推出,那种光靠人脑想象的方法越来越不现实。所以 BIM 提供了可视化的思路,将以往的线条式构件转化成一种三维的立体实物模拟图形展示在人们的面前。在 BIM 建筑信息模型中,由于整个过程都是可视化的,所以可视化的结果不仅可以用来展示效果图及生成报表,更重要的是,还可以保障项目设计、建造、运营过程中的沟通、讨论、决策都在可视化的状态下进行。

#### 2. 协调性

协调性是建筑业中的重点内容,BIM 建筑信息模型可在建筑物建造前期协调各专业的碰撞问题,生成并提供协调数据。当然 BIM 的协调作用也并不是只能解决各专业间的碰撞问题,它还可以解决:电梯井布置与其他设计布置及净空要求的协调,防火分区与其他设计布置的协调,地下排水布置与其他设计布置的协调等问题。

#### 3. 模拟性

BIM 模拟性并不是只能模拟设计出的建筑物模型,还可以模拟不能够在真实世界中操作的事物。在设计阶段,BIM 可以对设计上需要进行模拟的一些东西进行模拟试验,例如:节能模拟、紧急疏散模拟、日照模拟、热能传导模拟等;在招投标和施工阶段可以进行 4D 模拟(三维模型加项目的发展时间),也就是根据施工的组织设计模拟实际施工,从而来确定合理的施工方案来指导施工;同时,还可以进行 5D 模拟(基于 3D 模型的造价控制),从而来实现成本控制;后期运营阶段可以模拟日常紧急情况的处理方式,例如地震人员逃生模拟及消防人员疏散模拟等。

### 4. 优化性

事实上整个设计、施工、运营的过程就是一个不断优化的过程,现代建筑物的复杂程度大多超过参与人员本身的能力极限,BIM 及与其配套的各种优化工具提供了对复杂项目进行优化的可能。

### 5. 可出图性

BIM 不但能出大家日常多见的建筑设计院所出的建筑设计图纸,还可以出一些构件加工细部的图纸。

### 6. 一体化性

基于 BIM 技术可进行从设计到施工再到运营、贯穿工程项目全生命周期的一体化管理。BIM 的技术核心是一个由计算机三维模型所形成的数据库,不仅包含了建筑的设计信息,还容纳着从设计到建成使用、甚至到使用周期终结的全过程信息。

### 7. 参数化性

参数化建模指的是通过参数建立和分析模型,简单地改变模型中的参数值就能建立和分析新的模型;BIM 中图元以构件的形式出现,这些构件之间的不同,是通过参数的调整反映出来的,参数保存了图元作为数字化建筑构件的所有信息。

### 8. 信息完备性

信息完备性体现在 BIM 技术可对工程对象进行 3D 几何信息和拓扑关系的描述,以及完整的工程信息描述。

## 1.1.3　BIM 价值

建立以 BIM 应用为载体的项目管理信息化,可提升项目生产效率、提高建筑质量、缩短工期、降低建造成本。其价值具体体现在以下几方面。

### 1. 三维渲染,宣传展示

三维渲染动画,给人以真实感和直接的视觉冲击。建好的 BIM 模型可以作为二次渲染开发的模型基础,大大提高了三维渲染效果的精度与效率,给业主更为直观的宣传介绍,提升中标率。

### 2. 快速算量,精度提升

BIM 数据库的创建,建立了 5D 关联数据库,可以准确快速计算工程量,提升施工预算的精度与效率。由于 BIM 数据库的数据粒度达到构件级,可以快速提供支撑项目所需的数据信息,有效提升施工管理效率。BIM 技术能实现传统算量软件的功能——自动计算工程实物量,在国内此项功能的应用案例非常多。

### 3. 精确计划,减少浪费

施工企业精细化管理很难实现的根本原因在于工程数据海量,无法快速准确获取以支持资源计划,致使经验主义盛行。而 BIM 可以快速准确地获得工程基础数据,为施工企业制定精确人材计划提供有效支撑,大大减少了资源、物流和仓储环节的浪费,为实现限额领料、消耗控制提供技术支撑。

### 4. 多算对比,有效管控

管理的支撑是数据,项目管理的基础就是工程基础数据的管理,及时、准确地获取相关工程数据就是项目管理的核心竞争力。BIM 数据库可以实现任一节点上工程基础信息的快速获取,通过合同、计划与实际施工的消耗量、分项单价、分项合价等数据的多算对比,可以有效了解项目运营的盈亏情况,消耗量有无超标、进货分包单价有无失控等问题,实现对项目成本风险的有效管控。

### 5. 虚拟施工,有效协同

三维可视化功能再加上时间维度,可以进行虚拟施工。随时、随地、直观、快速地将施工计划与实际进展进行对比,同时进行有效协同,施工方、监理方、甚至非工程行业出身的业主都可以对工程项目的各问题和情况了如指掌。这样通过 BIM 技术结合施工方案、施工模拟和现场视频监测,可大大减少建筑质量问题、安全问题,降低返工和整改几率。

### 6. 碰撞检查,减少返工

BIM 最直观的特点在于三维可视化,利用 BIM 的三维技术在前期可以进行碰撞检查,优化工程设计,减少在建筑施工阶段可能存在的错误损失和返工的可能性,而且优化净空,优化管线排布方案。最后施工人员可以利用碰撞优化后的三维管线方案,进行施工交底、施工模拟,提高施工质量,同时也加强了与业主之间的沟通。

### 7. 冲突调用,决策支持

BIM 数据库中的数据具有可计量(computable)的特点,大量工程相关的信息可以为工程提供数据巨大的后台支撑。BIM 中的项目基础数据可以在各管理部门进行协同和共享,工程量信息可以根据时空维度、构件类型等进行汇总、拆分、对比、分析等,保证及时、准确地提供工程基础数据,为决策者进行工程造价、项目群管理、进度款管理等方面的决策提供依据。

## 1.1.4　Revit

Revit 是 Autodesk 公司一套系列软件的名称。Revit 系列软件是为建筑信息模型(BIM)构建的,可帮助建筑设计师设计、建造和维护质量更好、能效更高的建筑。

Revit 是我国建筑业 BIM 体系中使用最广泛的软件之一。

## 1. 软件组成

Autodesk Revit 是提供建筑设计、MEP 支持的工具。

(1) Architecture。

Autodesk Revit 软件可以按照建筑师和设计师的思考方式进行设计,因此,可以提供更高质量、更精确的建筑设计。建筑设计通过使用专为支持建筑信息模型工作流而构建的工具可帮助捕捉和分析概念,以及保持从设计到建筑的各个阶段的一致性。

(2) Structure。

Autodesk Revit 软件为结构工程师和设计师提供了工具,可以更加精确地设计和建造高效的建筑结构。

为支持建筑信息建模(BIM)而构建的 Revit 可帮助您使用智能模型,通过模拟和分析深入了解项目,并在施工前预测性能。使用智能模型中固有的坐标和一致信息,提高文档设计的精确度。专为结构工程师构建的工具可帮助您更加精确地设计和建筑高效的建筑结构。

(3) MEP。

Autodesk Revit Mep 为暖通、电气和给排水(MEP)工程师提供了工具,可以设计最复杂的建筑系统。Revit 支持建筑信息建模(BIM),可帮助导出更高效的建筑系统从概念到建筑的精确设计、分析和文档。MEP 使用信息丰富的模型在整个建筑生命周期中支持建筑系统。为暖通、电气和给排水(MEP)工程师构建的工具可帮助您设计和分析高效的建筑系统,以及为这些系统编档。本书重点介绍 Revit Mep 的内容。

## 2. 对电脑配置要求

(1) 操作系统。

Microsoft® Windows® 7SP164 位;Microsoft® Windows® 864 位。

(2) 关于 CPU。

由于 Revit 目前还是单核软件,所以在购买 CPU 的时候选择单核频率高的。但这并不是说多核就没有优势了,因为你的电脑不可能只运行 Revit 一个软件而不做其他操作,推荐电脑配置 I5 以上、CPU 二代以上。

(3) 关于内存。

若只用于学习,8 G 以上内存就可以;若是用于工作环境,推荐内存在 16 G 以上,大部分设计院或设计公司给员工配的电脑其内存是 16 G 或 32 G。

(4) 关于硬盘。

如今硬盘的大小已经不再是话题了,所以这里从性能角度出发,建议大家为 C 盘单独配置固态硬盘,把需要的软件都安装到 C 盘。

(5) 关于显卡。

现在一般配置的主流显卡都可以满足基本的需求,要是有特别需求也可以配置专业图形显卡,价格会比较高。学生用户及专业设计师推荐使用 DirectX® 11 的图形卡和 Shader Model3 Autodesk。

（6）其他要求。

做项目最好使用台式机，笔记本工作站也可以。双屏在设计中是必需的，那样可以让你的设计过程更流畅。

### 1.1.5　Navisworks

Autodesk Navisworks 软件能够将 AutoCAD 和 Revit® 系列等应用创建的设计数据，与来自其他设计工具的几何图形和信息相结合，将其作为整体的三维项目，通过多种文件格式进行实时审阅，而无需考虑文件的大小。Navisworks 软件产品可以帮助所有相关方将项目作为一个整体来看待，从而优化从设计决策、建筑实施、性能预测和规划直至设施管理和运营等各个环节。

#### 1. 软件组成

Autodesk Navisworks 软件系列包括四款产品，能够帮助您和您的团队加强对项目的控制，使用现有的三维设计数据透彻了解并预测项目的性能，即使在最复杂的项目中也可提高工作效率，保证工程质量。

（1）Autodesk® Navisworks Manage。

Autodesk® Navisworks Manage 软件是设计和施工管理专业人员使用的一款软件，可全面审阅解决方案，用于保证项目顺利进行。Navisworks Manage 将精确的错误查找和冲突管理功能与动态的四维项目进度仿真和照片级可视化功能完美结合。

（2）Autodesk® Navisworks Simulate。

Autodesk® Navisworks Simulate 软件能够精确地再现设计意图，制定准确的四维施工进度表，超前实现施工项目的可视化。在实际动工前，您就可以在真实的环境中体验所设计的项目，更加全面地评估和验证所用材质和纹理是否符合设计意图。

（3）Autodesk® Navisworks Review。

Autodesk® Navisworks Review 软件支持您实现整个项目的实时可视化，审阅各种格式的文件，而无需考虑文件大小。

（4）Autodesk® Navisworks Freedom。

Autodesk® Navisworks Freedom 软件是免费的 * Autodesk Navisworks NWD 文件与三维 DWF 格式文件浏览器。

#### 2. 对电脑配置要求

（1）操作系统。
Microsoft Windows XP；Windows 7 或更高版本。
（2）关于 CPU。
AMD；英特尔奔腾 4 处理器。
（3）关于内存。
4 GB 内存。

# 1.2 Revit 界面

## 1.2.1 项目样板选择

当打开 Revit 准备建模时,首先面临的就是项目样板的选择。点击项目下的新建按钮,就会弹出项目样板的选择框。

Revit 的项目样板包括构造样板、建筑样板、结构样板和机械样板,分别对应不同专业建模所需要的预定义设置,如图 1.1 所示。

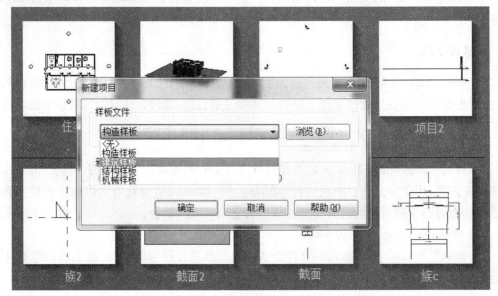

图 1.1

## 1.2.2 用户界面

Revit 工作界面如图 1.2 所示,包括菜单(应用程序菜单、快速访问工具栏、选项卡等)、状态控制栏(状态栏、视图控制栏、工作集状态)、浏览器(属性面板、项目浏览器、系统浏览器等)三部分。

## 1.2.3 菜单

### 1. 应用程序菜单

Revit 的应用程序菜单提供了对文件的常规操作和对 Revit 模型发布的导出设置功能。对文件的常规操作如图 1.3 所示,包括"新建""保存""另存""发布""打印""关闭"等功能。Revit 的"导出"功能十分丰富,如图 1.4 所示,可以导出 CAD 格式、NWC、IFC 和图形动画等多种类型的文件。

应用程序菜单栏　快速访问工具栏　上下文选项卡　　　　帮助与信息中心　选项卡

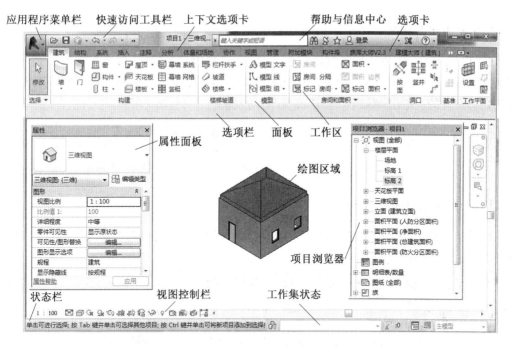

属性面板

选项栏　面板　工作区

绘图区域

项目浏览器

状态栏　　　　视图控制栏　　　　工作集状态

图 1.2

图 1.3　　　　　　　　　　　　　图 1.4

**2. 快速访问工具栏**

如图 1.5 所示,快速访问工具栏包含了 Revit 经常用到的功能,包含文件的"打开""保存"操作;编辑的"取消""重做"操作;图元的"测量"和"标注"功能;视图的"默认三维""剖面"功能;窗口的"关闭隐藏窗口""切换窗口"等功能。

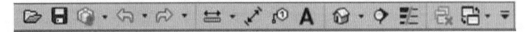

图 1.5

**3. 选项卡和上下文选项卡**

如图 1.6 所示,选项卡包括"建筑""结构""系统""插入""注释""分析""体量和场地""协作""视图"等功能分类模块。

图 1.6

(1)建筑。

图 1.6 所示的"建筑"选项卡包括"墙""门""屋顶""楼板"等建筑设计所涉及的上下文选项卡,即 Revit Architecture 相关内容。

(2)结构。

图 1.7 所示的"结构"选项卡包括"梁""柱""桁架""钢筋"等结构设计所涉及的上下文选项卡,即 Revit Structure 相关内容。

图 1.7

(3)系统。

图 1.8 所示的"系统"选项卡包括"风管""管道""电缆桥架""线管"等建筑设备设计所涉及的上下文选项卡,即 Revit Mep 相关内容。

图 1.8

## 1.2.4 状态控制栏

### 1. 状态栏

状态栏会提供有关要执行操作的提示。选中族图元,状态栏会显示族类型、名称、型号,如图 1.9 所示。视图控制栏能迅速访问影响当前视图设置的功能。

植物:RPC 树 - 落叶树:Shumard 橡树 - 9.1 米

图 1.9

### 2. 控制栏

视图控制栏能迅速访问影响当前视图设置的功能,如图 1.10 所示。

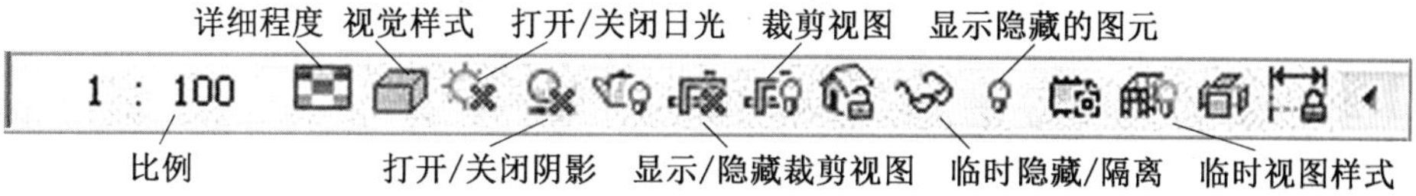

```
        详细程度  视觉样式  打开/关闭日光  裁剪视图  显示隐藏的图元

1 ：100

   比例        打开/关闭阴影    显示/隐藏裁剪视图   临时隐藏/隔离  临时视图样式
```

图 1.10

## 1.2.5 浏览器

如图 1.11 所示,单击"视图"选项卡→"窗口"面板→"用户界面"就可以选择显示属性面板、项目浏览器、系统浏览器。

图 1.11

**1. 属性**

如图 1.12 所示,"属性"面板可用于修改当前选中族的参数。

**2. "项目浏览器"**

如图 1.13 所示,"项目浏览器"用于显示当前项目中所有视图、明细表、图纸、组、族等的逻辑层次。

图 1.12                                         图 1.13

# 1.3　Revit 基本操作

## 1.3.1　视图操作

在 Revit 中,通过操纵鼠标即可实现视图的移动、缩放和旋转。

(1)滚动鼠标中键缩放视图;

(2)按住鼠标中键,移动鼠标可移动视图;

(3)同时按住"shift"键和鼠标中键,移动鼠标可旋转视图。

全导航控制盘和 View Cube 可参看本书资源 1-1。

## 1.3.2　图元操作

在项目中选择图元对象后,Revit 会自动切换至相关的"修改"上下文选项卡。在该选项卡中,将显示进行编辑、修改的工具。图 1.14 所示为"修改"上下文选项卡,修改工具栏中有常规的编辑命令,适用于软件的整个绘图过程,如对齐、复制、旋转、阵列、镜像、缩放、拆分、修剪、移动、删除等编辑命令。

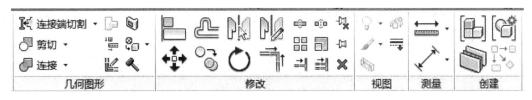

图 1.14

### 1. 选择

Revit 选择图元的方法如下：

（1）可用鼠标左键点选图元；也可按住鼠标左键，拖动鼠标框选图元。

（2）按住"Shift"键，此时的鼠标会变成带加号的图标，表示将向选择集添加图元。此时可将多个图元加入选择集。

（3）按住"Ctrl"键，此时的鼠标会变成带减号的图标，表示将从选择集中删除图元。

（4）如图 1.16 选中单个图元，点击鼠标右键，在弹出菜单选择"选择全部实例(A)"。

（5）建立选择集后，可通过点击图 1.5 所示"选择"面板的"过滤器"菜单，在弹出的"过滤器面板"（图 1.17）中对选择集内的不同类型图元进行选择。

图 1.15

图 1.16

图 1.17

### 2. 对齐

Revit 对齐工具用来将一个或多个图元与选定图元对齐，比如设计建筑模型时可以将梁、墙、柱等对齐到轴网。

（1）打开本书资源 1-2。如图 1.18 所示，文件中有一个水平轴线①-①和与它垂直的三段墙。

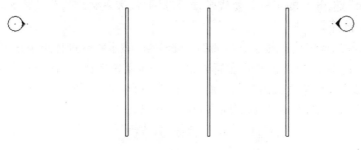

图 1.18

（2）选中图 1.18 所示轴线，激活"修改｜轴线"选项卡（图 1.19），然后单击"修改｜轴线"选项卡→"修改"面板→"对齐"选项。

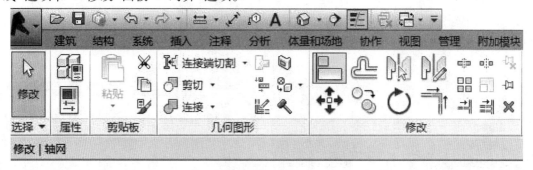

图 1.19

（3）点击图 1.20 中的轴线①-①，再点击左侧墙的上部，左侧墙拉伸并对齐到轴线①-①，轴线①-①激活锁定。如图 1.21 所示，点击"锁"图标，将左侧墙锁定到轴线①-①。

（4）如图 1.19 所示，单击"修改｜轴线"选项卡→"修改"面板→"对齐"选项。

（5）如图 1.20 所示，在选项栏勾选"多重对齐"。

（6）点击轴线①-①，再点击右侧两道墙的上部，右侧两道墙拉伸并对齐到轴线①-①（图 1.22）。

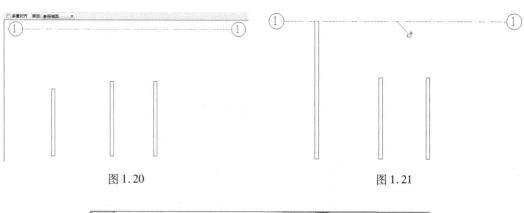

图 1.20　　　　　　　　　　　　　　　　　　　图 1.21

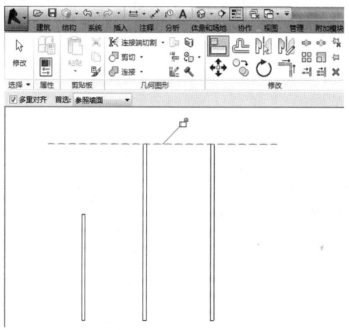

图 1.22

# 第2章 建筑设计

## 2.1 标高和轴网

标高用来定义楼层层高及生成平面视图,该数值不是必须作为楼层层高;轴网用于定位构件,在 Revit 中轴网确定了一个不可见的工作平面。轴网编号及标高符号样式均可定制修改。软件目前可以绘制弧形和直线的轴网,不支持折线的轴网。

### 2.1.1 标高

**1. 绘制标高**

在 Revit Architecture 中,"标高"命令在立面和剖面视图中才能使用,因此在正式开始项目设计前,必须先打开一个立面视图。

在项目浏览器中展开"立面(建筑立面)"项,双击视图名称"东"进入东立面视图,如图 2.1 所示,初始视图有两个标高即标高1、标高2,下面演示绘制标高3。

单击"建筑"选项卡→"基准"面板的"标高"选项(图 2.2)。将鼠标移动到标高 2 上方绘制标高3,在楼层平面自动生成标高 3 平面,如图 2.3 所示。

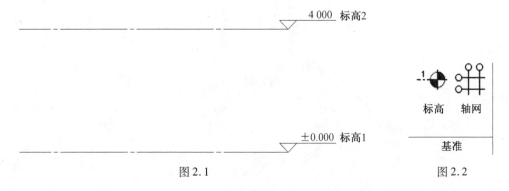

| 图 2.1 | 图 2.2 |

**2. 删除标高**

如果要删除标高 3,选择标高 3 图元,Revit 会高亮显示标高 3 图元并呈蓝色。Revit 会自动切换并高亮显示"修改"面板,单击"修改"面板中的"删除"按钮,Revit 会出现"警告"对话框(图 2.4)。点击"确定(O)"时,标高 3 将被删除;同时在项目浏览器的"楼层平面"中,"标高 3"平面视图将会被删除。

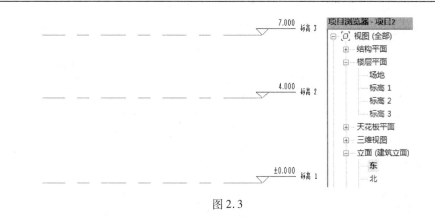

图 2.3

图 2.4

## 3. 编辑标高

如图 2.5 所示,选择"标高 3"图元,双击标高间隔尺寸,可以修改标高间距和名称。

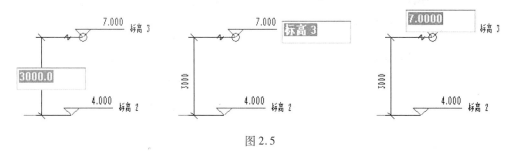

图 2.5

如图 2.6 所示,也可通过属性面板或点击属性面板的"编辑类型"按钮,在出现的"类型属性"面板修改"标高"图元的各项属性(线宽、颜色、线型)。

## 4. 其他形式创建标高

标高也可采用复制、阵列方式生成,但不会生成相应的平面视图,需要根据已有标高生

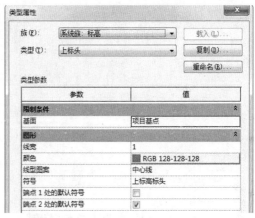

图 2.6

成相应的平面视图。如图2.7所示,单击"视图"选项卡→"创建"面板→"平面视图"上下文选项卡→"楼层平面"菜单→弹出"新建楼层平面"面板→选择"标高3"和"标高4"→点击"确定"按钮,就会在项目浏览器中出现标高3和标高4。

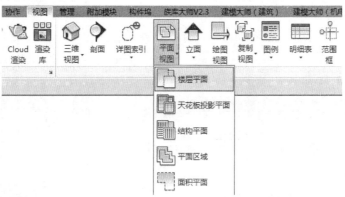

图 2.7

### 2.1.2　轴网

**1. 绘制轴网**

下面我们将在平面图中创建轴网。在 Revit Architecture 中轴网只需要在任意一个平面视图中绘制一次,其他平面和立面、剖面视图中都将自动显示。

接 2.1.1 节练习,在项目浏览器中双击"楼层平面"项下的"标高 1"视图,打开平面视图。

如图 2.2 所示,单击"建筑"选项卡→"基准"面板的"轴网"选项。绘制第一条垂直轴线,轴号为 1。单击选择①号轴线,移动光标在①号轴线上单击捕捉一点作为绘制参考点,然后水平向右移动光标,输入间距值 1 200,按"Enter"键确认后绘制②号轴线。保持光标位于新复制的轴线右侧,分别输入 4300、1100、1500、3900、3900,然后,分别按"Enter"键确认,绘制②~⑥号轴线。

如图 2.2 所示,单击"建筑"选项卡→"基准"面板的"轴网"选项。移动光标到视图中①号轴线标头左上方位置单击鼠标左键捕捉一点作为轴线起点。选择刚创建的水平轴线,修改标头文字为"A",创建Ⓐ号轴线。移动光标在Ⓐ号轴线上单击捕捉一点作为绘制参考点,然后垂直向移动光标,保持光标位于新绘制的轴线下方,分别输入 4500、1500、4500,然后,分别按"Enter"键确认,完成Ⓑ~Ⓓ号轴线绘制的,如图 2.8 所示。

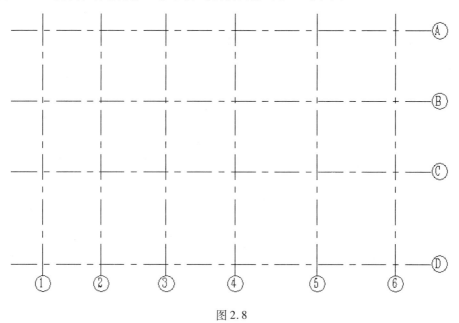

图 2.8

**2. 删除轴线**

如果要删除轴线③,则选择轴线③图元,Revit 会高亮显示轴线③并呈蓝色。Revit 会自动切换并高亮显示"修改"面板,单击"修改"面板中的"删除"按钮,"轴线③"将被删除。

### 3. 编辑轴网

轴网的编辑方法与标高相同。如图 2.9 所示,也可通过属性面板或点击属性面板的"编辑类型"按钮,在出现的"类型属性"面板修改"网轴"图元的各项属性(线宽、颜色、线型)。在这里我们选择"平面视图轴号端点 1",如图 2.10 所示,网轴两侧均显示网轴标号。

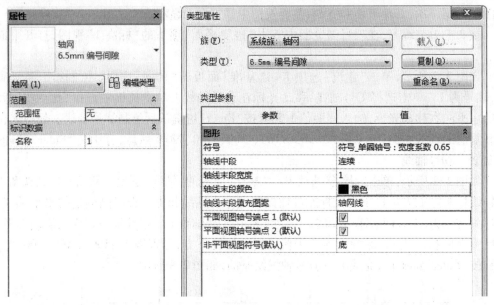

图 2.9

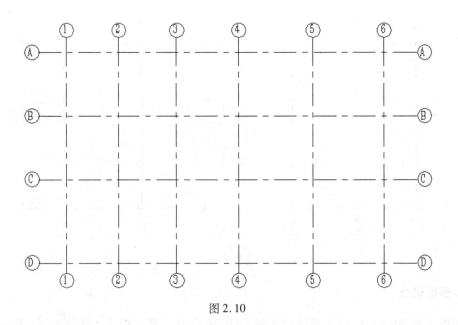

图 2.10

# 2.2　墙、楼板和屋顶

## 2.2.1　墙

Revit 的墙体设计非常重要,它不仅是建筑空间的分隔主体,也是门窗、墙饰体与分割线、卫浴灯具等设备的承载主体。

如图 2.11 所示,单击"建筑"选项卡→"构建"面板的"墙"选项→点击"墙:建筑"选项。

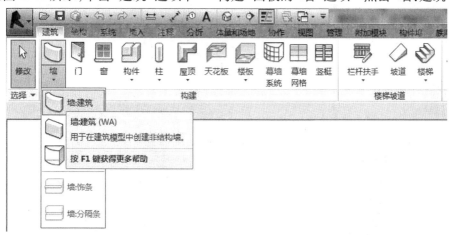

图 2.11

### 1. 构造层和材质设置

墙体构造层设置及其材质设置,不仅影响着墙体在三维、透视和立面视图中的外观表现,更直接影响着后期施工图设计中墙体大样、节点详图等视图中墙体截面的显示。

常见墙体结构如图 2.12 所示、图 2.13 所示。

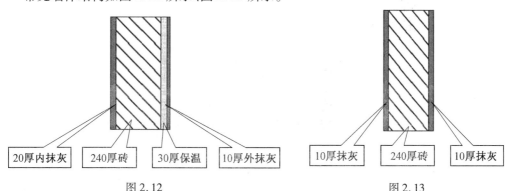

图 2.12　　　　　　　　　　　　　　　图 2.13

如图 2.11 所示,点击建筑"选项卡→"构建"面板的"墙"选项→点击"墙:建筑"选项。点击墙属性面板的"编辑类型"按钮,在弹出的墙"类型属性"面板设置墙的结构。点击具体墙体材质弹出"材质浏览器"(图 2.15),可以对墙体的着色、表面填充图案、截面填充图案等进行设置。

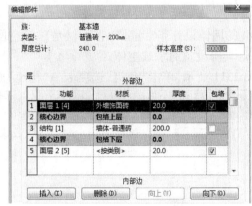

图 2.14

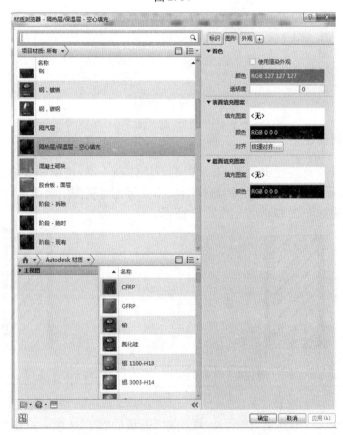

图 2.15

（1）设置普通外墙。

单击"建筑"选项卡→"构建"面板的"墙"选项→点击"墙：建筑"选项。点击属性面板的"编辑类型"按钮出现的"类型参数"面板设置墙的结构。点击"复制"按钮，将名称改为"常规外墙"（图 2.16）。点击"结构"选项的"编辑"按钮，修改墙层结构（图 2.17）。

图 2.16　　　　　　　　　　　　　　　　图 2.17

（2）绘制普通内墙。

单击"建筑"选项卡→"构建"面板的"墙"选项→点击"墙：建筑"选项。点击属性面板的"编辑类型"按钮出现的"类型属性"面板设置墙的结构。点击"复制"按钮，将名称改为"常规内墙"（图 2.18）。点击"结构"选项的"编辑"按钮，修改墙层结构（图 2.19）。

图 2.18

| | 功能 | 材质 | 厚度 | 包络 | 结构材质 |
|---|---|---|---|---|---|
| 1 | 面层 1 [4] | 灰浆 | 10.0 | ☑ | |
| 2 | 核心边界 | 包络上层 | 0.0 | | |
| 3 | 结构 [1] | 砖，普通，红 | 240.0 | ☐ | ☑ |
| 4 | 核心边界 | 包络下层 | 0.0 | | |
| 5 | 面层 2 [5] | 灰浆 | 10.0 | ☑ | |

图 2.19

**2. 绘制墙体**

选择任意楼层平面视图，单击"建筑"选项卡→"构建"面板的"墙"选项→"墙：建筑"选项。点击属性面板的"类型"下拉菜单，分别选择"常规外墙"和"常规内墙"，如图 2.20 所示。

选择"绘制"面板的各项功能(图 2.22),按图 2.21 所示绘制"常规外墙"和"常规内墙"(图 2.22)。

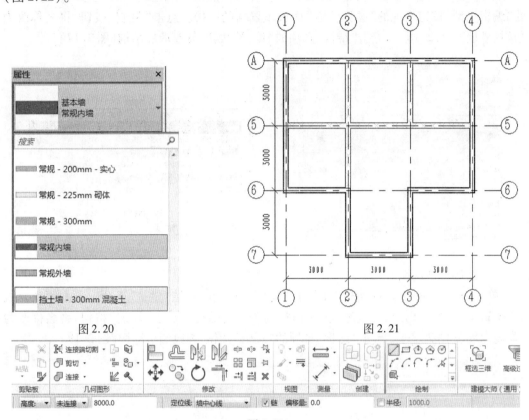

图 2.20　　　　　　　　　　　　图 2.21

图 2.22

### 3. 修改墙体轮廓

修改墙体轮廓步骤如下:选中相应墙体(图 2.23)→点击"模式"面板的"编辑轮廓"选项(图 2.24)→利用"绘制"面板的各项功能(图 2.25),将墙轮廓修改为如图 2.26 所示→点击"模式"面板的"完成编辑"按钮(图 2.27),修改效果如图 2.28 所示。

图 2.23　　　　　　　　　　　　图 2.24

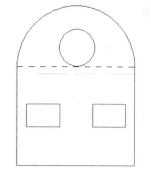

图 2.25　　　　　　　　　　　　　　　图 2.26

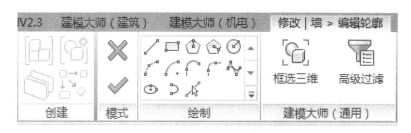

图 2.27　　　　　　　　　　　　　　　图 2.28

## 2.2.2　楼板

**1. 楼板构造层和材质设置**

如图 2.29 所示,点击"建筑"选项卡→"构建"面板的"楼板"选项→点击"楼板:建筑"选项。

图 2.29

楼板结构设置与墙基本相同,如图 2.30 所示,点击楼板属性面板的"编辑类型"按钮,在弹出的楼板"类型属性"面板设置楼板的结构。楼板层材质设置可参看墙层材质设置。

**2. 绘制楼板**

选择任意楼层平面视图,如图 2.31 所示,点击"建筑"选项卡→"常用"面板的"楼板"选项→"楼板:建筑"选项。

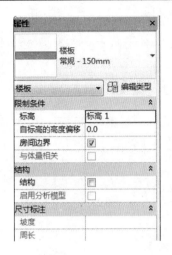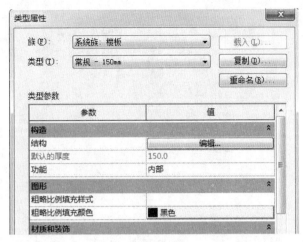

图 2.30

选择"绘制"面板的各项功能,绘制封闭线。

绘制完成后,点击"模式"面板的"完成编辑"按钮。

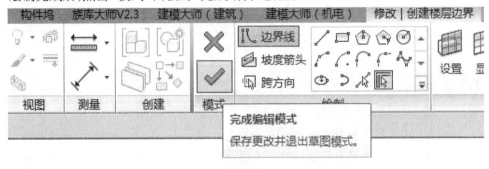

图 2.31

**3. 修改楼板轮廓**

楼板轮廓修改与墙体轮廓修改方法相同,可参看"修改墙体轮廓"。

## 2.2.3 屋顶

如图 2.32 所示,点击"建筑"选项卡→点击"构建"面板的"屋顶"选项。如图 2.32 所示,屋顶基础绘制方法有两种:"迹线屋顶"和"拉伸屋顶"。

屋顶结构设置与墙基本相同,如图 2.33 和图 2.34 所示,点击屋顶属性面板的"编辑类型"按钮,在弹出的屋顶"类型属性"面板设置屋顶的结构。屋顶层材质设置可参看墙层材质设置。

**1. 迹线屋顶**

如图 2.35 所示,点击"建筑"选项卡→"构建"面板的"屋顶"上下文选项→"迹线屋顶"菜单。如图 2.36 所示,选择屋顶所在标高,Revit 将跳转至"修改|创建屋顶迹线"选项卡,如图 2.37 所示。采用"绘制"模块提供的绘制方法,在"标高 2"视图上沿外墙线绘制"屋顶"

图 2.32

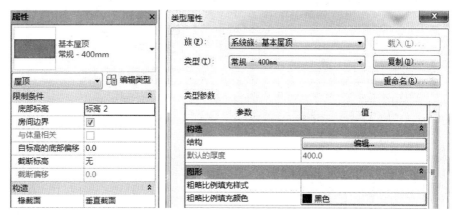

图 2.33

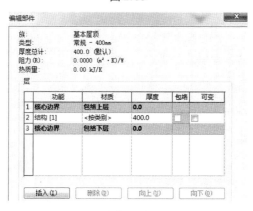

图 2.34

的平面封闭线,如图 3.38 所示。绘制完成后,点击"模式"面板的"完成编辑"按钮,屋顶的平面与三维效果如图 2.39 所示。

图 2.35

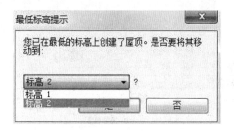

图 2.36

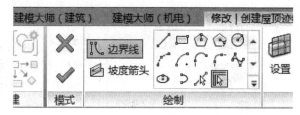

图 2.37

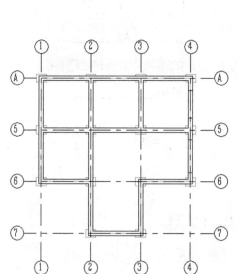

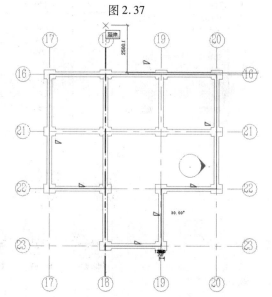

图 2.38

## 2. 拉伸屋顶

如图 2.40 所示,点击"建筑"选项卡→"构建"面板的"屋顶"上下文选项→"拉伸屋顶"菜单,会自动弹出"工作平面"对话框,如图 2.41 所示。确定工作平面后,会弹出"屋顶参照标高和平移"对话框,如图 2.42 所示。设置完成"屋顶参照标高和平移"对话框后,点击确定,Revit 将跳转至"修改|创建拉伸屋顶轮廓"选项卡,如图 2.43 所示。选择"绘制"面板的"样条曲线"来绘制屋顶轮廓,如图 4.44 所示。屋顶轮廓绘制完成后,点击"模式"面板的"完成编辑"按钮,屋顶的三维效果如图 2.45 所示。

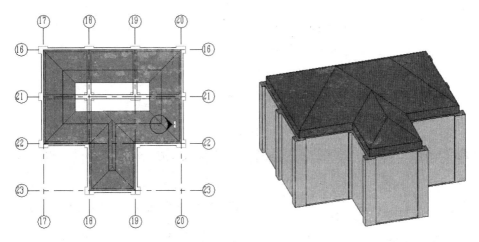

图 2.39

图 2.40

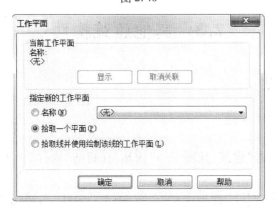

图 2.41

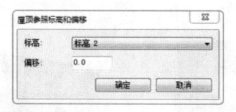

图 2.42

图 2.43

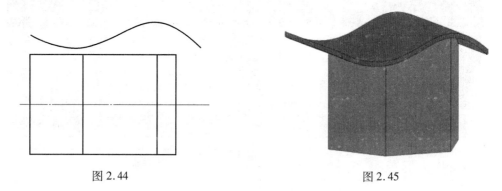

图 2.44　　　　　　　　　　　　　　图 2.45

# 2.3　其他建筑构件

## 2.3.1　放置构建

**1. 添加构件**

如图 2.46 所示,点击"建筑"选项卡→"构建"面板的"构件"上下文选项→"放置构件"菜单。

如图 2.47 所示,在"属性"面板选择"红枫-9 米"构件,在视图中添加"红枫-9 米"构件,添加后效果如图 2.48 所示。

**2. 载入族**

如果在"属性"面板找不到所需构件,则要添加需要的族。添加方法如下:

如图 2.49 所示,点击"插入"选项卡→"从库中载入"面板的"载入"选项。

弹出"载入族"对话框,选择需要载入的族文件,点击确定按钮(本例选择建筑\家具\

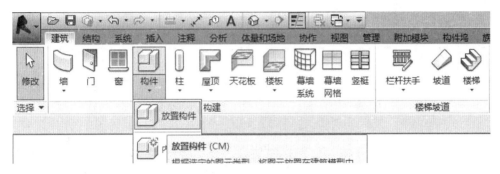

图 2.46

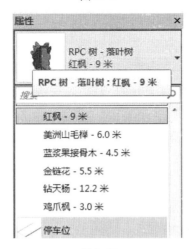

图 2.47

图 2.48

3D\办公桌椅组合 2, 如图 2.50 所示)。

重复添加构件操作, 如图 2.46 所示, 点击"建筑"选项卡→"构建"面板的"构件"上下文选项→"放置构件"菜单。添加效果如图 2.51 所示。

图 2.49

图 2.50

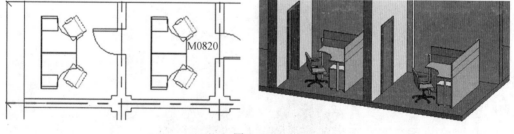

图 2.51

## 2.3.2 门窗

门窗是基于墙体的构件,可以添加到任何类型的墙上。可以在任何平面视图、剖面视图、立面视图或三维视图中添加门窗,选择要添加的门窗类型,然后指定门窗在墙体的位置。Revit 将自动剪切洞口并放置门窗。

单击"建筑"选项卡→"构件"面板的"门"选项,Revit 将跳转至"修改|放置门"选项卡,如图 2.52 所示。

图 2.52

### 1. 门窗类型设置

如图 2.53 所示,在"属性"面板可选择不同型号的单扇门构件。如果在"属性"面板找不到所需构件,则要添加需要的族。添加族的方法如下:

点击门属性面板的"编辑类型"按钮,弹出了门的"类型属性"面板,如图 2.54 所示,点击"载入"按钮。弹出"载入族"对话框,选择需要载入的族文件,点击确定按钮(本例选择建筑\门\双扇\双面嵌板木门 1,如图 2.55 所示。

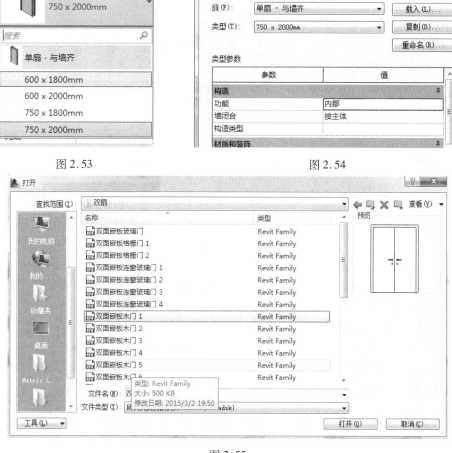

图 2.53             图 2.54

图 2.55

**2. 放置门窗**

单击"建筑"选项卡→"构件"面板的"门"选项,用鼠标移动门族至墙体,单击鼠标左键放置门族,如图 2.56 所示。

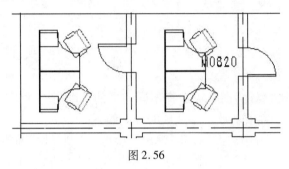

图 2.56

### 2.3.3 楼梯与扶手栏杆

**1. 楼梯绘制**

在项目浏览器中双击"楼层平面"项下的"标高 1",打开第一层平面视图。

如图 2.57 所示,单击"建筑"选项卡→"楼梯坡道"面板→"楼梯"选项→"楼梯(按草图)"菜单,进入绘制草图模式。

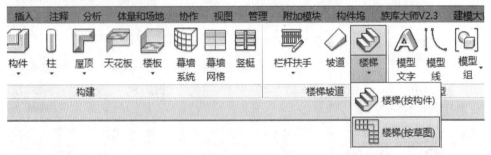

图 2.57

在"属性"面板单击"楼梯属性"命令,如图 5.58 所示,在"实例属性"对话框中先选择楼梯类型为"楼梯(工业装配楼梯)",设置楼梯的"底部标高"为标高 1,"顶部标高"为标高 2,"宽度"为 1000.0。

在"绘制"面板单击"梯段"命令,选择"直线"绘图模式,在建筑外单击一点做为第一起点,垂直向下移动光标,直到显示"创建了 9 个梯面,剩余 9 个"时,单击鼠标。

在"建筑"选项卡"工作平面"面板单击"参照平面"命令在草图下方绘制一水平参照平面作为辅助线,改变临时尺寸距离为 1000.0,如图 2.59 所示。

图 2.58

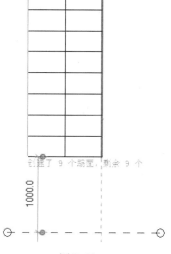

图 2.59

继续选择"梯段"命令,移动光标至水平参照平面上与梯段中心线延伸相交位置,当参照平面亮显并提示"交点"时单击捕捉交点作为第二起点位置,向下垂直移动光标到矩形预览框之外单击鼠标左键,创建剩余的踏步,结果如图 2.60 所示。

框选刚绘制的楼梯梯段草图,单击工具栏"移动"命令,将草图移动到外墙边缘如图 2.61 和 2.62 所示位置。

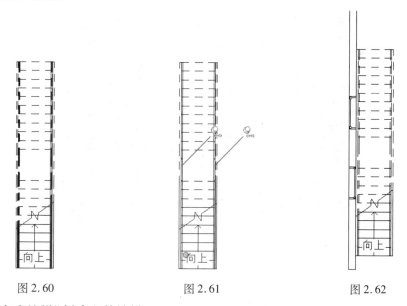

图 2.60　　　　　　　　图 2.61　　　　　　　　图 2.62

单击"完成楼梯"创建室外楼梯。

**2. 梯杆扶手绘制**

如图 2.63 所示,单击"建筑"选项卡→"楼梯坡道"面板→"栏杆扶手"选项→"绘制路径"菜单,进入绘制草图模式。

图 2.63

如图 2.64 所示,采用直线绘制模式,在 2 层楼板突出处绘制栏杆后,单击"完成编辑"。楼梯效果图如图 2.65 所示。

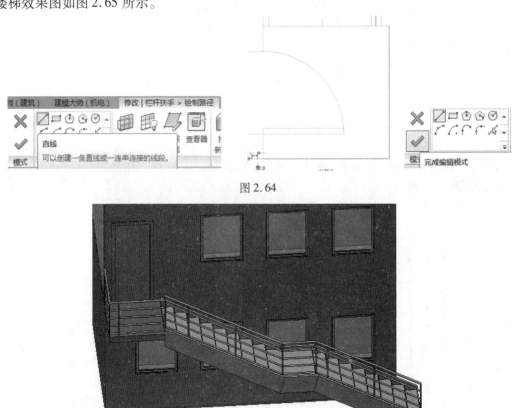

图 2.64

图 2.65

## 2.4　建筑表现

### 2.4.1　渲染

实际项目中,我们往往需要为项目创建更为逼真的三维可视化图。在 Revit 中,由于模型是按照真实的尺寸所创建,因此创建的三维可视化图跟真实的项目之间几乎没有区别。

接2.3.2节练习,或打开本书资源2-1项目文件。切换到"1F"楼层平面视图,如图2.66所示,单击"视图"选项卡→"创建"面板→"相机"选项。

图 2.66

如图2.67所示,在"1F"楼层平面视图放置相机。Revit自动切换到相机视图"三维视图1",如图2.68所示,将鼠标靠近视图边界,可调节视图的宽度、深度。

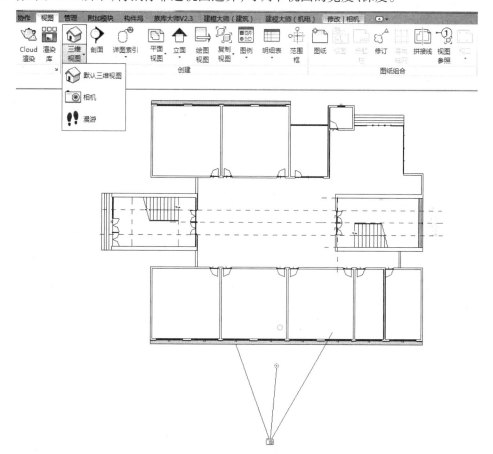

图 2.67

完成视图范围调节后,单击"视图"选项卡→"图形"面板中→"渲染"工具,弹出"渲染"对话框。如图2.69所示,修改渲染"质量"为"最佳",修改"输出设置"分辨率的定义方式选择"打印机1",修改打印精度为"300DPI";"照明方案"中选择"室外:仅日光"的方式,即只

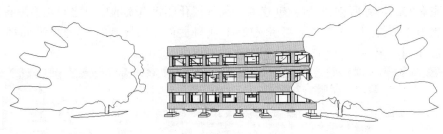

图 2.68

使用太阳光作为光源进行渲染;设置"背景"样式为"天空:少云"。

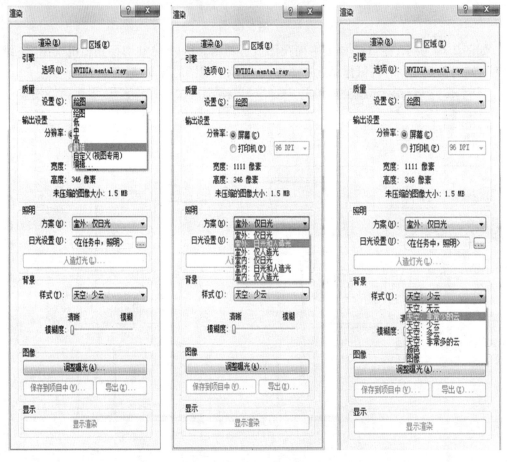

图 2.69

完成后,单击"渲染"按钮,将进入渲染计算模式。Revit 将利用全部 CPU 资源进行渲染计算。Revit 将弹出"渲染进度"对话框,如图 2.70 所示。渲染完成后,Revit 将在当前窗口中显示渲染结果。

渲染完成后,点击"渲染"面板下部的"保存到项目中"按钮,弹出图 2.71 所示的"保存到项目中"对话框,输入"教学楼日光少云渲染结果",将渲染结果保存在项目浏览器"渲染"目录下的"教学楼日光少云渲染结果"视图,如图 2.72 所示。

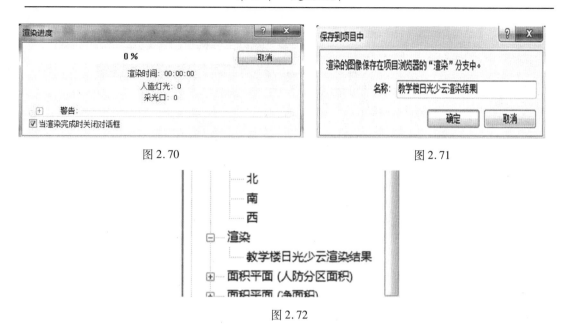

图 2.70　　　　　　　　　　　　　　图 2.71

图 2.72

渲染完成后,点击"渲染"面板下部的"导出"按钮,可将渲染结果保为. bmp、. jpg、. png、. tif 的图形文件。

### 2.4.2　漫游

Revit 提供了相机工具,用于创建任意的静态相机视图。本节将继续以综合楼项目为例,介绍如何在 Revit 中创建相机视图。

(1)切换至 1F 楼层平面视图。如图 2.73 所示,单击"视图"选项卡→"创建"面板中"三维视图"下拉列表→"漫游"菜单,进入漫游路径绘制状态。

图 2.73

(2)如图 2.74 所示,依次沿教学楼室外场地位置单击,绘制形成环绕教学楼的漫游路径,完成后单击"完成漫游",完成漫游路径。

(3)单击"漫游"面板中"编辑漫游"工具,切换到漫游编辑界面,如图 2.75 所示。通过点击"上一关键帧"和"下一关键帧",选择关键帧,改变关键帧处相机的设置。

如果在平面视图不显示相机,在"项目浏览器"面板中,点击进入相应的平面视图;在"项目浏览器"面板中,右键选择"漫游"→"显示相机",在平面视图显示已有路径,如图2.76

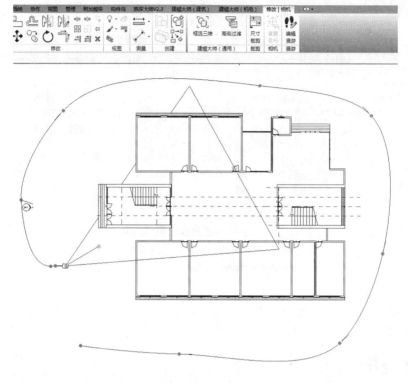

图 2.74

图 2.75

所示。

提示：①远裁剪框是控制相机视图深度的控制柄，离目标位置越远，场景中的显示对象就越多；反之，就越少。②在三维视图属性面板中，可以设置"相机高度"和"目标高度"及"远裁剪偏移"等参数。

（4）切换至漫游视图。单击"漫游视图"边框选择漫游，单击"编辑漫游"工具进入漫游编辑模式。修改选项栏"帧"值为1，单击"编辑漫游"选项卡"漫游"面板中"播放"工具，然后单击"播放"按钮，进入插入模式，可以预览漫游的效果。

（5）完成动画关键帧设置之后，就是导出动画。如图2.77所示，单击左上角"应用程序菜单"按钮，选择"导出"→"图像和动画"，在列表中选择"漫游"，弹出如图2.78所示"长度/格式"对话框。设置动画输出长度为"全部帧"，设置导出"视觉样式"的方式为"真实"，

图 2.76

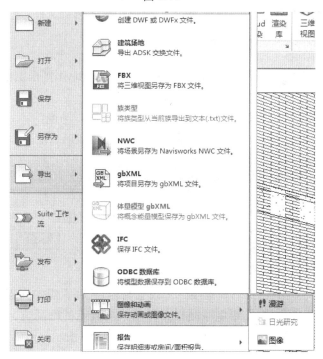

图 2.77

输入动画导出的尺寸标值为"800"和"600",即导出动画的分辨率为 800 * 600。完成后单击"确定",在弹出的"导出漫游"对话框中浏览动画保存的位置,再次单击"确定"按钮。

图 2.78

提示：在保存动画文件时，可以设置动画的保存格式为 AVI 或 JPEG 序列图片。

## 2.5　地形与标记

### 2.5.1　地形

地形表面是场地设计的基础，使用"地形表面"工具，可以为项目创建地形表面模型。Revit 提供了两种创建地形表面的方法：放置高程点和导入测量文件。

**1. 放置高程点的方式创建地形表面**

放置高程点的方式允许手动添加地形点并指定高程，Revit 将根据已指定的高程点，生成三维地形表面，适合用于创建简单的地形模型。

（1）进入"项目浏览器"面板→"视图"→"楼层平面"→"场地"。

（2）单击"体量和场地"选项卡→"场地建模"面板→"地形表面"工具，如图 2.79 所示。

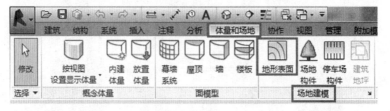

图 2.79

（3）选择"放置点"工具，然后在选项栏中设置高程，先输入点的高程值，再绘制高程点。也可以在完成地形表面创建后，再增减高程点和编辑高程点的标高值，具体做法是：选中要编辑的点，则点变成蓝色，可以删减、改变高程值，如图 2.80 所示。

**2. 导入测量文件的方式创建地形表面**

导入测量文件的方式可以导入 DWG、DXF、DGN 等格式或带有逗号分隔的点文件（例如 txt，CSV 格式文件），Revit 会自动根据测量数据生成真实场地的地形表面。

图 2.80

(1)选择导入实例。

①单击"插入"选项卡→"导入"面板→"导入 CAD"工具,如图 2.81 所示。

图 2.81

②在导入 CAD 文件时要在弹出的对话框中需要设置"定位(P)"为"自动-原点到原点",还要设置"导入单位(S)"为"米",如图 2.82 所示。

图 2.82

③导入 Revit 中图形依然是 DWG 格式,如图 2.83 所示。

④再单击"体量和场地"选项卡→"场地建模"面板→"地形表面"工具→"通过导入创建"下拉栏中"选择导入实例",如图 2.84 所示,会出现"从所选图层添加点"对话框(图 2.85),直接点击确定。

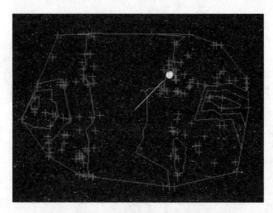

图 2.83

图 2.84

图 2.85

⑤选中图 2.86 所示图形,则该图转化为带有高程点的地形图。

⑥最后,点击"表面"面板中" ✔ "按钮,如图 2.87 所示。

(2)选择指定点文件。

点文件通常由土木工程软件应用程序生成。该文件应该提供地形的等高线数据,必须包含 XYZ(ENZ)坐标值作为文件的第一数值,还必须使用有逗号分隔的文件格式,如图 2.88所示。

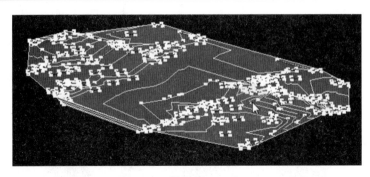

图 2.86

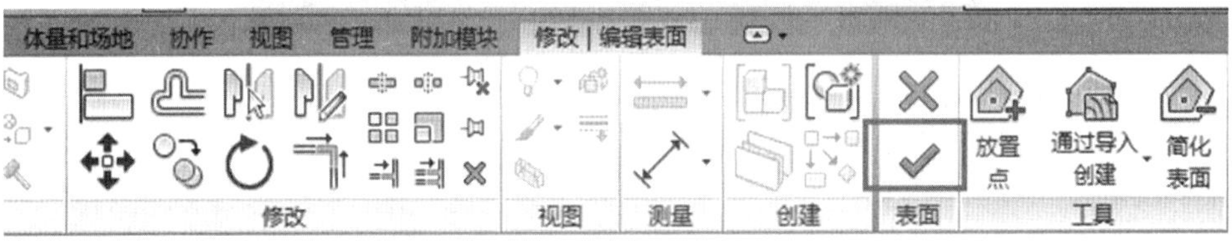

图 2.87

| 1 | 1025417 | 76802.3 | 148 |
| 2 | 1025421 | 76815.58 | 148 |
| 3 | 1025429 | 76830.24 | 148 |
| 4 | 1025436 | 76848.26 | 148 |
| 5 | 1025445 | 76869.07 | 148 |
| 6 | 1025459 | 76867.53 | 148 |
| 7 | 1025368 | 76779.23 | 150 |
| 8 | 1025395 | 76782.15 | 150 |
| 9 | 1025405 | 76797.82 | 150 |
| 10 | 1025407 | 76813.62 | 150 |
| 11 | 1025406 | 76816.16 | 150 |
| 12 | 1025395 | 76822.1 | 150 |
| 13 | 1025403 | 76832.75 | 150 |
| 14 | 1025412 | 76841.6 | 150 |

图 2.88

单击"体量和场地"选项卡→"场地建模"面板→"地形表面"工具→"通过导入创建"→"指定点文件",如图 2.89 所示。最后生成地形如图 2.90 所示。

图 2.89

（3）建筑地坪。

创建的地形表面高低不平,需要用闭合环在地形上添加建筑地坪、放置构件等。

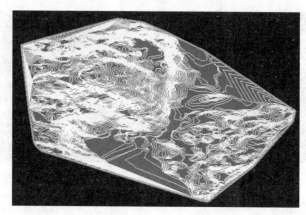

图 2.90

①在已建好的地形,单击"体量和场地"选项卡→"场地建模"面板→"建筑地坪"工具,如图 2.91 所示。

②在创建建筑地坪边界中选择"绘制"工具,绘制将要创建场地地坪的闭合边界线,最后选择"模式"面板中"✔",如图 2.92 所示。地形表面的平面图如图 2.93 所示。

图 2.91

图 2.92

③在"属性"选项板中→根据需要设置"标高"值。设置"自目标高的高度偏移"为 0,如图 2.94 是图 2.93 的立面;设置"自目标高的高度偏移"为 26000,得到图 2.95 所示结果。

(4)场地构件。

在创建场地地坪上放置场地构件。单击"体量和场地"选项卡→"场地建模"面板→"场地构件"工具,如图 2.96 和图 2.97 所示。

如果在"属性"选项板里没有需要的构件,则可以通过载入族的方法。

单击"插入"选项卡→"从库中载入"面板→"载入族"工具,在出现对话框中找"china"→"场地",如图 2.98 所示。

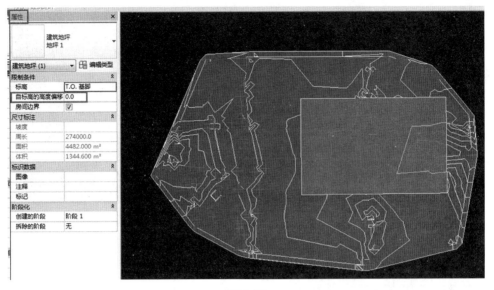

图 2.93

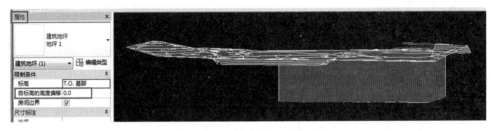

图 2.94

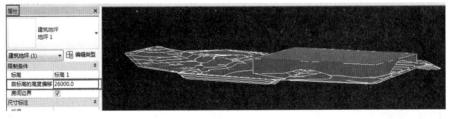

图 2.95

图 2.96

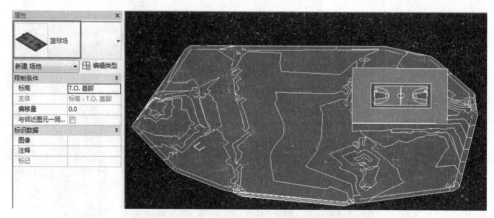

图 2.97

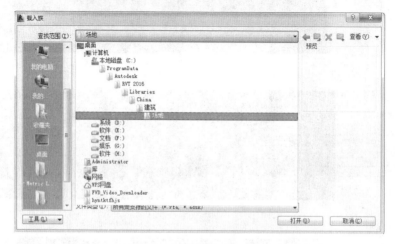

图 2.98

## 2.5.2　标记

在 Revit 中有时需要对门窗进行标记,以便工程人员不用一一选择去看。

### 1. 添加门窗标记

切换楼层平面视图,在"注释"选项卡→"标记"面板→单击"全部标记"按钮,如图 2.99 所示,打开"标记所有未标记的对象"对话框,如图 2.100 所示,这里列出了所有可以被标记的对象类别及其对应的标记符号族。

图 2.99

选择对话框,如图 2.100 所示,选中"窗标记",然后单击"应用"按钮,则 Revit 将自动提取窗对象的类型名称作为窗图元标记,当前视图中所有的窗户就被标注上窗户编号,如图

2.101所示。

图 2.100

用同样的方法可以在图 2.100 所示对话框中选择"门标记"进行项目中门的编号标注,如图 2.101 所示。

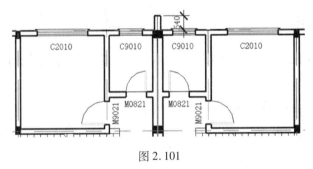

图 2.101

"全部标记"是对门窗一次性全部标记,但是在"注释"选项卡→"标记"面板,单击"按类别标记"按钮时(图 2.102),可以对门窗逐个标记,要注意把"引线"前的"对号"去掉。

图 2.102

### 2. 添加房间名称及面积标记

在"注释"选项卡→"标记"面板,单击"全部标记"按钮,打开"标记所有未标记的对象"对话框,如图 2.103 所示,单击"房间标记",然后单击"应用(A)"按钮,则 Revit 将自动提取卫生间和厨房对象的名称及相应面积作为标记,如图 2.104 所示。

在"注释"选项卡→"标记"面板,单击"房间标记"按钮,如图 2.105 所示,可以逐个房间标记名称及面积。

图 2.103

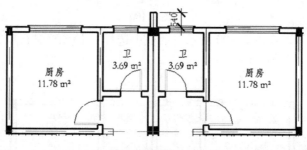

图 2.104

图 2.105

# 第3章 机电项目创建

## 3.1 创建机电项目的初始工作

### 3.1.1 选择样板

如图 3.1 所示,单击"新建"选项卡→"项目"选项弹出"新建项目"对话框(图 3.2)。在"新建项目"对话框的"样板文件"下拉列表内选择"机械样板",点击确定按钮,进入工作界面(图 3.3)。

图 3.1

图 3.2

如图 3.3 所示,"项目浏览器"面板出现了卫浴和机械两个专业的视图,而没有建筑和结构视图。在视图"属性"面板的"规程"属性也被默认设置为机械和卫浴。

图 3.3

### 3.1.2　链接 Revit 模型

在进行机电专业设计时,一般都会参考已有的、土建专业提供的设计数据,Revit 提供了"链接模型"功能,可以帮助设计团队进行高效的协同工作。Revit 中的"链接模型"是指工作组成员在不同专业项目文件中以链接由其他专业创建的模型数据文件的方式,实现在不同专业间共享设计信息的协同设计方法。

**1. 链接**

(1)如图 3.4 所示,单击"插入"选项卡→"链接"面板→"链接 Revit"选项,弹出"导入|链接 RVT"对话框(图 3.5)。在"导入/链接 RVT"对话框的"定位"项选择"自动-原点到原点",单击"打开"按钮将建筑模型导入。

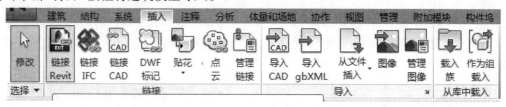

图 3.4

图 3.5

(2)选中链接模型,自动切换至"修改 | RVT 链接"上下文选项卡。如图 3.6 所示,选择"修改"面板中"锁定"工具,将在链接模型位置出现锁定符号"®",表示该链接模型已被锁定。Revit 允许复制、删除被锁定的对象,但不允许移动、旋转被锁定的对象。

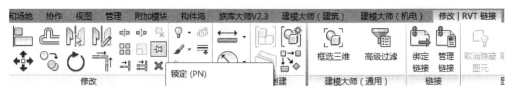

图 3.6

## 2. 管理链接模型

选中链接模型,自动切换至"修改|RVT 链接"上下文选项卡。如图 3.7 所示,点击"链接"面板中"管理链接"菜单,弹出"管理链接"面板(图 3.8)。在"管理链接"面板中可对链接图元进行"重新载入""卸载""删除"操作。

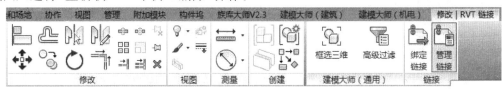

图 3.7

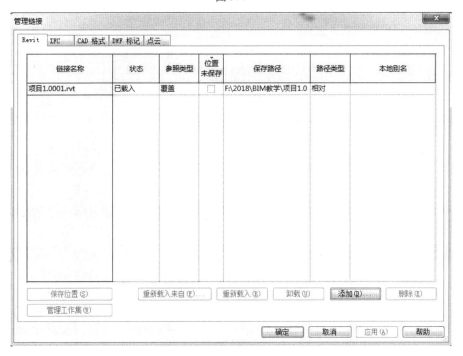

图 3.8

## 3.1.3　链接 CAD 模型

(1)采用机械样板建立新项目。

(2)如图 3.9 所示,单击"插入"选项卡→"链接"面板→"链接 CAD"选项,弹出"链接 CAD 格式"对话框(图 3.10)。

图 3.9

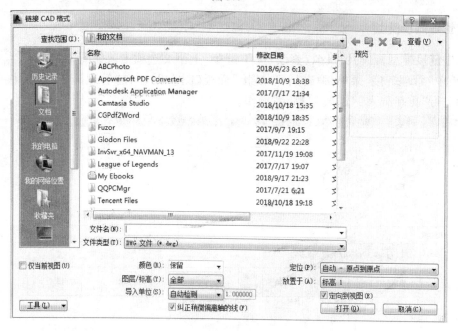

图 3.10

(3)可在"链接 CAD 格式"对话框内修改导入图的颜色、定位,选择导入的图层和导入图放置标高及导入图的单位。选择需要导入的 CAD 图,点击"打开"按钮,将 CAD 图导入 Revit 中。

(4)选择导入的 CAD 图形,如图 3.11 所示,单击"修改 | .dwg"选项卡→"导入实例"面板→"查询"选项,选择 CAD 图元,弹出"导入实例查询"面板(图 3.12)。

图 3.11

(5)可在"导入实例查询"面板查看 CAD 图元的块名称和图层,并可删除或在视图中隐藏图层。

(6)如图 3.11 所示,单击"修改 | .dwg"选项卡→"导入实例"面板(图 3.12)→"删除图层"选项,弹出"选择要删除的图层/标高"面板(图 3.13)。

(7)通过"选择要删除的图层/标高"面板(图 3.13)可删除在左侧列表框中选中的图层。

图 3.12

图 3.13

## 3.1.4　复制监视

链接后的模型和信息仅可在主体项目中显示。链接模型中的标高、轴网等信息不能作为当前项目的定位信息使用。必须基于链接模型生成当前项目中的标高与轴网图元。Revit 提供了"复制/监视"工具,用于在当前项目中复制创建链接模型中图元,并保持与链接模型中图元协调一致。

**1. 复制标高**

链接 Revit 项目文件后,当前主体项目中只存在机械样板文件中预设的标高 1 和标高 2。为确保机电项目中标高设置与已链接的文件中标高一致,可以使用"复制/监视"功能在当前项目中复制创建"教学楼项目"中的标高图元。

(1)如图 3.14 所示,依次点击"项目浏览器"面板→"卫浴"视图→"立面(建筑立面)"→"南-卫浴"后,视图中显示了当前项目中项目样板自带的标高及链接模型文件中标高。

(2)单击选择当前项目中标高 1 及标高 2,按"Delete"键删除当前项目中所有标高。

(3)如图 3.15 所示,单击"协作"选项卡"坐标"面板中"复制/监视"工具下拉列表,在列表中选择"选择链接"选项,移动鼠标至链接教学楼项目任意标高位置单击,选择该链接项目文件,进入"复制/监视"状态,自动切换至"复制/监视"上下文选项(图 3.16)。

(4)如图 3.16 所示,单击"工具"面板中"选项"工具,打开"复制/监视选项"对话框

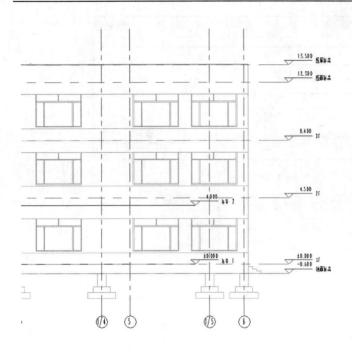

图 3.14

图 3.15

(3.17),"复制/监视选项"对话框中,用于设置链接项目中的族类型与复制后当前项目中采用的族类型的映射关系。

图 3.16

(5)切换至"标高"选项卡,在"要复制的类别和类型"中,列举了被链接的项目中包含的标高族类型;在"新建类型"中设置复制生成当前项目中的标高时使用的标高类型。分别按图中所示,设置新建类型为上标头、下标头及正负零标高。其他参数默认,单击"确定"按钮退出"复制/监视选项"对话框,如图 3.17 所示。

(6)如图 3.18 所示,单击"工具"选项卡中"复制"工具,勾选选项栏"多个"选项,配合使用 Ctrl 键,依次单击选择链接模型中所有标高,完成后单击选项栏"完成"按钮,Revit 将在

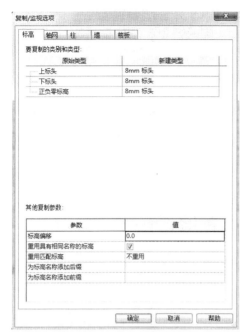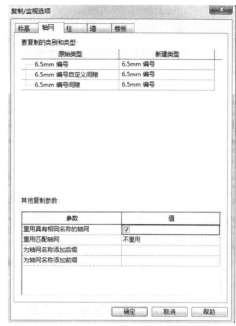

图 3.17

当前项目中复制生成所选择的标高图元。

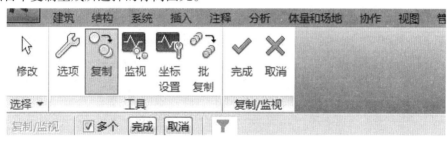

图 3.18

（7）单击"复制/监视"面板中"完成"按钮，完成复制监视操作。注意当前项目中，已经生成与链接教学楼项目完全一致的标高。

（8）如图 3.19 所示，单击"视图"选项卡→"创建"面板→"平面视图"工具下拉列表→在列表中选择"楼层平面"工具。打开"新建楼层平面"对话框（图 3.20）。

（9）在"新建楼层平面"对话框（图 3.20）的标高列表中显示了当前项目中所有可用标高名称。配合 Ctrl 键，依次单击选择 1F、2F、3F 和屋面标高，单击"确定"按钮，退出"新建楼层平面"对话框。Revit 将为所选择的视图创建楼层平面视图，并自动切换至楼层平面视图中，如图 3.21 所示。在"项目浏览器"面板内的"卫浴"视图下的平面视图中可看到创建的 1F、2F、3F 平面视图。

图 3.19

图 3.20

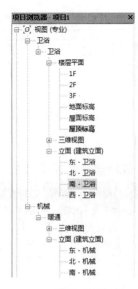

图 3.21

**2.复制轴网**

与复制标高类似,可以在主体项目中使用"复制/监视"工具复制创建与链接文件中完全一致的轴网。可参看本书资源 3—1。

### 3.1.5 绑定模型

(1)选中链接模型,自动切换至"修改|RVT 链接"上下文选项卡。如图 3.22 所示,点击"链接"面板中"绑定链接"菜单,弹出"绑定链接选项"面板,如图 3.23 所示。

图 3.22

（2）如图 3.23 所示,在"绑定链接选项"对话框中,点击"确定"按钮,Revit 将会进行绑定链接。绑定完成后,弹出警告对话框。

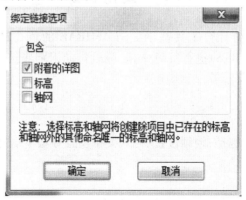

图 3.23

（3）如图 3.24 所示,绑定完成后,Revit 会提示当前项目与链接项目中存在重名的对象样式,并按链接模型中的设定进行替换。单击"确定"按钮,完成绑定操作。

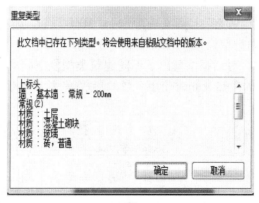

图 3.24

（4）由于链接的教学楼项目已经全部绑定转换为当前项目图元,因此原 Revit 链接可以删除,Revit 给出如图 3.25 所示警告对话框,单击"删除链接"选项,删除当前项目与教学楼项目的链接关系。

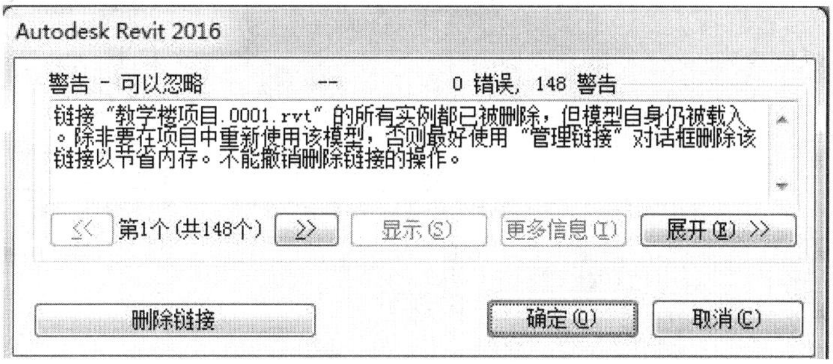

图 3.25

# 3.2 负荷计算

Revii Mep 内置的负荷计算工具基于美国 ASHRAE 的负荷计算标准,采用热平衡法(HB)和辐射时间序列法(RTS)进行负荷计算,可以自动识别建筑模型信息,读取建筑构件的面积、体积等数据并进行计算。

## 3.2.1 基本设置

负荷计算的基本设置包括:地理位置、建筑类型设置等基本信息。

**1. 地理位置**

项目开始时,使用与项目距离最近的主要城市或项目所在地的经纬度来指定地理位置。根据地理位置确定气象数据进行负荷计算。

**2. 建筑类型设置**

如图 3.26 所示,单击"管理"上下文选项卡→"MEP 设置"选项→"建筑/空间类型设置"选项,弹出"建筑/空间类型设置"面板(图 3.27)。

"建筑/空间类型设置"对话框中列出了不同建筑类型及空间类型的能量分析参数。如室内人员散热、照明设备的散热及同时使用系数的参数等,默认参数值均参照美国 ASHRAE 手册。

图 3.26

## 3.2.2 空间

Revit MEP 通过为建筑物定义"空间",存储用于项目冷热负荷分析计算的相关参数。

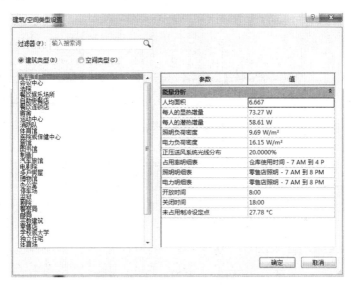

图 3.27

通过"空间"放置自动获取建筑物不同房间的信息：周长、面积、体积、朝向、门窗的位置及面积等。通过设置"空间"属性定义建筑物结构的传热系数，房间人员负荷等能耗分析参数。

**1. 空间放置**

（1）空间放置。

①手动放置：如图 3.28 所示，单击"分析"选项卡→"空间和分区"面板→"空间"选项，将鼠标移动到建筑物上，将自动捕捉房间边界，点击相应房间布置空间。

图 3.28

②自动放置：如图 3.29 所示，单击"分析"选项卡→"空间和分区"面板→"空间"选项后，激活"修改 | 放置空间"选项卡。如图 3.30 所示，在"修改 | 放置空间"选项卡中，单击"自动放置空间"，自动创建空间。

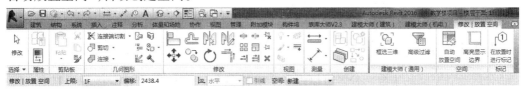

图 3.29

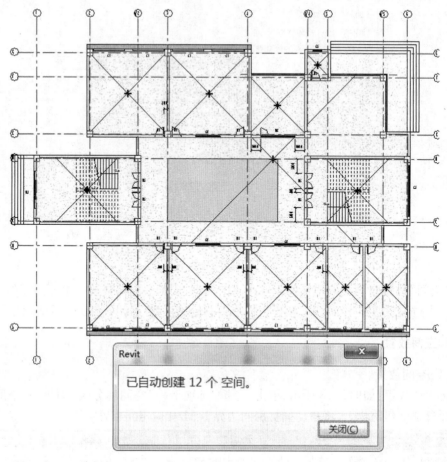

图 3.30

（2）空间可见性设置。

在当前视图，键入"VV"命令，打开当前视图的"可见性/图形替换"对话框（图 3.31），勾选"空间"选项的"内墙"和"参照"，点击确定后便可高亮显示当前楼层平面的"空间"。

（3）空间标记。

添加空间标记标注空间的信息。

**2. 空间设置**

空间放置完毕后，需要对各个空间的能适分析参数进行设置。

### 3.2.3 分区

分区是各空间的集合。分区可以由一个或者多个空间组成，创建分区后可以定义统一的、具有相同环境（温度、湿度）和设计需求的空间。简而言之，使用相同空调系统的空间或者空调系统中使用同一台空气处理设备的空间可以指定为同一分区。新创建的空间会自动放置在"默认"分区下。所以在负荷计算前，最好为空间指定分区。

图 3.31

## 1. 分区放置

如图 3.32 所示,单击"分析"选项卡→"空间和分区"面板→"分区"选项,激活"编辑分区"选项卡,如图 3.33 所示。

图 3.32

图 3.33

如图 3.33 所示,单击"编辑分析"选项卡→"添加空间"选项,将具有相同环境和设计需求的"空间"逐个添加到分区中,如图 3.34 所示。

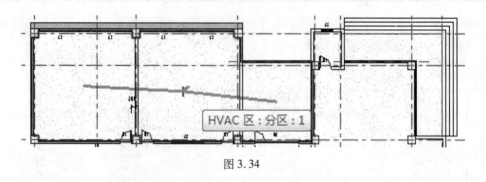

图 3.34

**2. 分区查看**

在图 3.35 所示的"系统浏览器"面板中,选择"视图"选项的"分区",可以查看分区状态。点击列设置 按钮,弹出"列设置"对话框,如图 3.36 所示。在"列设置"对话框中,勾选"常规"选项下用户所需查看的分区中空间信息,点击"确定"按钮,返回图 3.37 所示的"系统浏览器"面板。

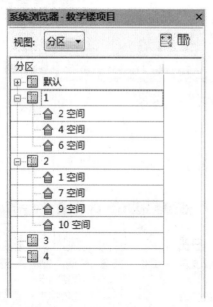

图 3.35

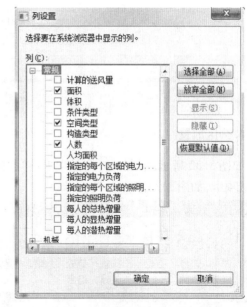

图 3.36

**3. 分区设置**

如图 3.38 所示,在"系统浏览器"中,选中分区单击右键,选择"属性"选项,打开功能区中的"属性"面板。如图 3.39 所示,在"属性"面板的"能量分析"选项下定义分区的设备类型、制冷信息、加热信息和新风信息等参数。

| 分区 | 面积 | 空间类型 | 人数 |
|---|---|---|---|
| ⊟ 默认 | | | |
| 　3 空间 | 66.54 | 〈建筑〉 | 2.328949 |
| 　8 空间 | 5.46 | 〈建筑〉 | 0.191254 |
| 　11 空间 | 64.31 | 〈建筑〉 | 2.250794 |
| ⊟ 1 | | | |
| 　2 空间 | 32.23 | 〈建筑〉 | 1.127917 |
| 　4 空间 | 64.80 | 〈建筑〉 | 2.267874 |
| 　6 空间 | 64.80 | 〈建筑〉 | 2.267874 |
| 　12 空间 | 252.25 | 〈建筑〉 | 8.828673 |
| ⊟ 2 | | | |
| 　5 空间 | 64.80 | 〈建筑〉 | 2.267874 |
| 　7 空间 | 63.32 | 〈建筑〉 | 2.216214 |
| 　9 空间 | 62.98 | 〈建筑〉 | 2.204454 |
| ⊟ 3 | | | |
| 　1 空间 | 28.30 | 〈建筑〉 | 0.990598 |
| 　10 空间 | 34.85 | 〈建筑〉 | 1.21989 |

图 3.37

| 分区 | 面积 |
|---|---|
| ⊟ 默认 | |
| 　11 空间 | 64.31 |
| ⊟ 1 | |
| 　收拢 | 32.23 |
| 　选择 | 64.80 |
| 　显示 | 64.80 |
| 　删除 | 5.46 |
| 　属性 | 252.25 |
| ⊟ 2 | |
| 　 | 28.30 |
| 　5 空间 | 64.80 |
| 　7 空间 | 63.32 |
| 　9 空间 | 62.98 |
| 　10 空间 | 34.85 |
| ⊟ 3 | |
| 　3 空间 | 66.54 |

图 3.38　　　　　　　　　　　　　图 3.39

## 3.2.4　同鸿业软件的交互

Revit MEP 负荷计算采用的能量分析参数和方法均基于 ASHRAE 手册,用户也可以将建筑模型从 Revit MEP 导出为 gbXMh 格式的文件,输入一些符合当地规范和计算标准的第三方负荷计算软件进行计算。

如图 3.40 所示,单击"应用程序菜单"选项卡→"导出"选项→"gbXML"选项,弹出"导出 gbXML-设置"对话框,如图 3.41 所示。单击"导出 gbXML-设置"对话框的"下一步"按钮,弹出图 3.42 所示的"导出 gbXML-保存到目标文件夹"对话框。在"导出 gbXML-保存到目标文件夹"对话框,输入文件名,单击"保存"按钮,导出 gbXML 格式的文件。

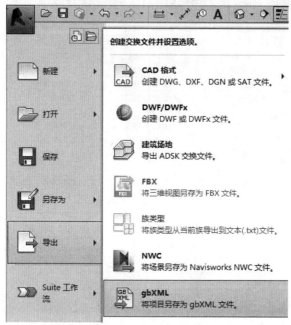

图 3.40

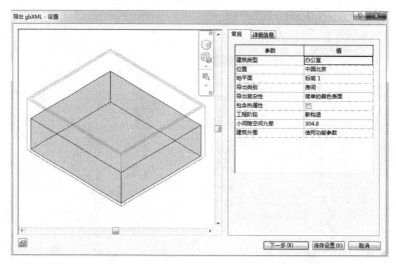

图 3.41

图 3.42

# 3.3　视图范围与视图规程

## 3.3.1　视图主要范围

每个平面视图都具有"视图范围"视图属性,该属性也称为可见范围。"视图范围"是用于控制视图中模型对象的可见性和外观的一组水平平面,分别称"顶部平面""剖切面"和"底部平面"。"顶部平面"和"底部平面"用于确定视图范围最顶部和底部位置,"剖切面"是确定剖切高度的平面,这 3 个平面用于定义视图范围的"主要范围"。"视图深度"是视图范围外的附加平面,可以设置视图深度的标高,以显示位于底裁剪平面之下的图元,默认情况下该标高与底部重合。附加视图深度中的图元将投影显示在当前视图中,并以<超出>线样式绘制位于"深度范围"内图元的投影轮廓。"主要范围"的底不能超过"视图深度"设置的范围。各深度范围图解如图 3.43 所示:①顶部;②剖切面;③底部;④偏移量;⑤主要范围;⑥视图深度。

## 3.3.2　实例

如图 3.44 所示,窗 1 底部标高为 580 ;窗 2 底部标高为2200;风管上部距标高 2 为 900(默认单位为 mm)。

### 1. 第一种视图范围设置

在"楼层平面:标高 2"属性面板,点击"范围"的"视图范围"选项对应的"编辑..."按钮,弹出"视图范围"对话框(图 3.46)。在"视图范围"对话框修改"剖切面(C)"的"偏移量"为1500.0,点击"确定"按钮,由于剖切面偏移量为 1 500,只剖切到"窗 1",故在图中只显示"窗 1"。

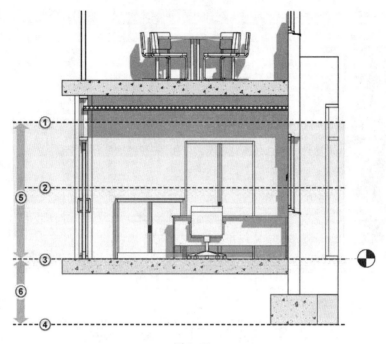

图 3.43

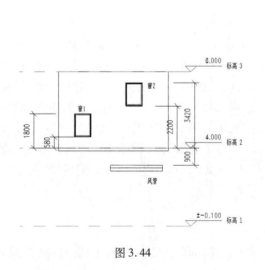

图 3.44

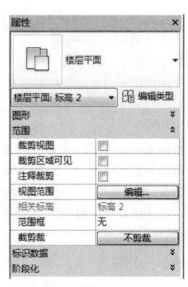

图 3.45

## 2. 第二种视图范围设置

如图 3.47 所示,修改视图范围参数。在"视图范围"对话框修改"剖切面"的偏移量为 2500.0。由于剖切面偏移量为 2 500,只剖切到"窗 2"、没有剖切到"窗 1",故在图中只显示 "窗 2"、不显示"窗 1"。

图 3.46　　　　　　　　　　　　　图 3.47

### 3. 修改视图深度

如图 3.48 所示,单击"管理"选项卡→"设置"面板→"其他设置"下拉菜单→"线样式",弹出图 3.49 所示的"线样式"面板。

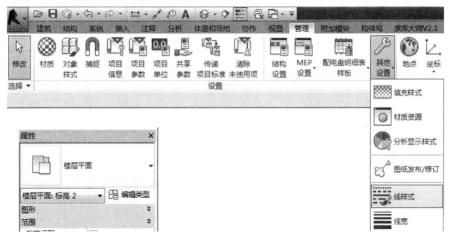

图 3.48

图 3.49

在图 3.50 所示的"线样式"面板中,点击类别"线"选项出现"线样式"对话框。选择 <超出>选项,在"线型图案"下拉列表框,选择"虚线"。

图 3.50

在图 3.51 所示的"视图范围"对话框中,修改视图范围参数,将视图深度偏移量修改为 "-1500.0"。由于视图深度低于风管高度,故风管以<超出>线样式绘制"标高 2"平面视图。

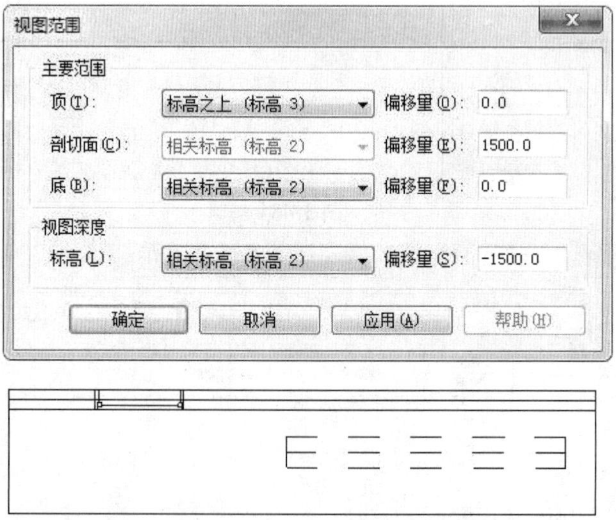

图 3.51

# 第4章 管道系统

## 4.1 管道系统设置

Revit MEP 提供了强大的管道系统设计功能。利用这些功能,可以方便迅速地布管路、调整管道尺寸、控制管道显示、进行管道标注和统计。

在 Revit MEP 中,合理设置管道参数,可以大大减少后期管路调整的工作,提高设计效率。

如图 4.1 所示,单击"管理"选项卡→"设置"面板→"MEP 设置"工具下拉列表,在列表中选择"机械设置"工具。打开"机械设置"对话框(图 4.2)。

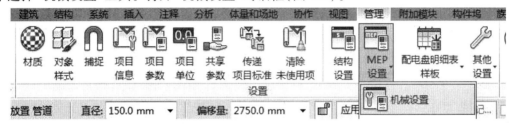

图 4.1

图 4.2

通过对管道设置目录下的选项设置,可完成管道尺寸、角度、坡度、流体物性、阻力计算公式选择等设计前的准备工作。

### 4.1.1 管道尺寸设置

**1. 新建管段**

在如图 4.2 所示的"机械设置"对话框中点击左侧列表框内"管道设置"下的"管段和尺寸"→右侧面板"管段(S)"→新建 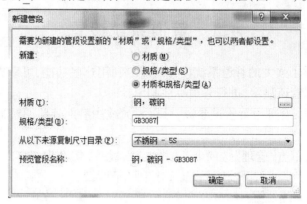，弹出"新建管段"对话框(图 4.3)。

图 4.3

在"新建管段"对话框的"材质"项，选择"钢,碳钢"的"规格/类型(D)"项输入"GB3087"。输入完毕,点击"确定"按钮,回到"机械设置"对话框(图 4.2)。

**2. 删除尺寸**

选中要删除的尺寸,点击"删除"按钮即可删除该尺寸。

**3. 新建尺寸**

在图 4.2 所示界面,点击"新建尺寸"按钮,弹出"添加管道尺寸"对话框(图 4.4)。在"添加管道尺寸"对话框内,填写相应的"公称直径""内径""外径"。

图 4.4

**4. 其他**

图 4.2 中的"粗糙度(R)"项可更改管子的粗糙度;在"管段描述(I)"项可添加对管子

功能的描述。

## 4.1.2　物性和阻力计算设置

**1. 流体物性**

(1)新建流体。

如图 4.5 所示,依次进行如下操作:"机械设置"对话框→点击左侧列表框内"管道设置"下的"流体"→右侧面板"流体名称"项旁边→点击新建 📄 按钮,弹出"新建管段"对话框 (图 4.6)。在"新建流体名称(N)"项输入柴油,在"新建流体基于(B)"下拉列表框选择相近流体。点击"确定"按钮返回图 4.5 所示截面。

图 4.5

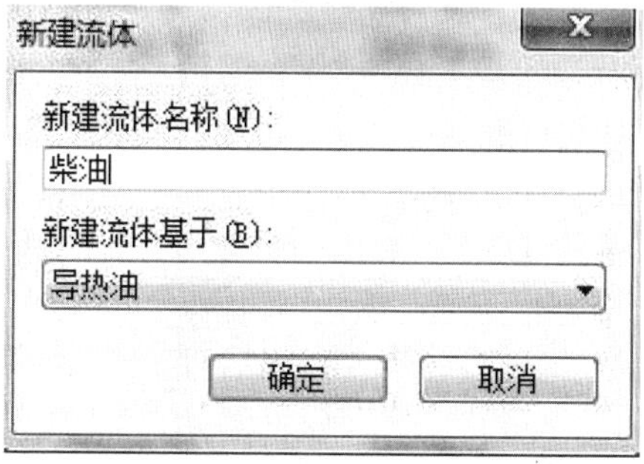

图 4.6

(2)删除温度和相应物性。

在图 4.5 右侧的物性列表框,选择要删除的温度,点击"删除温度"按钮,即可删除相应的温度和动力粘度(软件中为"动态粘度")和密度。

(3)新建温度和相应物性。

点击图 4.5 右侧的"新建温度",弹出"新建温度"对话框(图 4.7)。在文本框内输入相应的温度、动力粘度(软件中为"动态粘度")、密度的数值。

(4)删除流体。

点击图 4.5 右侧"流体名称"下拉列表框,选中需要删除的流体,点击"删除" 📄 按钮,删除选中的流体。

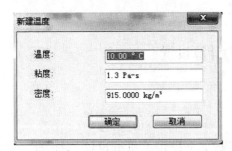

图 4.7

### 2. 沿程阻力计算

如图 4.8 所示,依次进行如下操作:"机械设置"对话框→点击左侧列表框内"管道设置"下的"计算"→"压降"选项。通过点击"计算方法(M)"下拉列表框可选择不同的沿程阻力计算公式。"计算方法(M)"下部的文本框显示相应公式的具体内容。

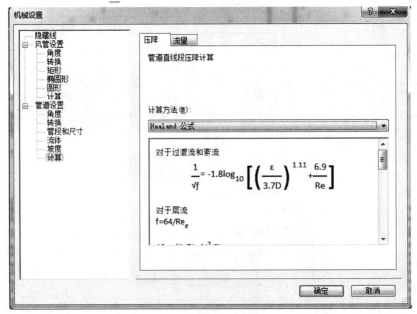

图 4.8

### 3. 其他设置

"机械设置"对话框→"管道设置"下的"角度"可设置弯管角度。

"机械设置"对话框→"管道设置"下的"转换"可设置不同系统管子的绘制高度。

"机械设置"对话框→"管道设置"下的"坡度"可设置管道的坡度。

# 4.2　管道绘制

## 4.2.1　基本管道绘制

在平面视图、立面视图、剖面视图和三维视图中均可绘制管道。

**1. 进入管道绘制模式**

①如图 4.9 所示,单击"系统"选项卡→"卫浴和管道"面板的"管道"选项。

图 4.9

②选中绘图区已布置构件族的管道连接件→右击鼠标→单击快捷菜单中的"绘制管道"。

③直接键入 PI。

进入行道绘制模式后"修改 | 放置管道"选项栏(图 4.10)和"修改 | 放置管道"选项卡(图 4.11)被同时激活。在此状态下,即可按照以下步骤手动绘制管道。

图 4.10

**2. 选择管道类型**

在管道"属性"对话框中选择所需要绘制的管道类型。

**3. 选择管道尺寸**

如图 4.10 所示,单击"修改 | 放置管道"选项栏→"直径"右侧下拉按钮,选择在"机械设置"中设定的管道尺寸。也可以直接输入欲绘制的管道尺寸,如果在下拉列表中没有该尺寸,将从列表中自动选择和输入最接近的管道尺寸。

**4. 指定管道偏移**

默认"偏移量"是指管道中心线相对于当前平面标高的距离。如图 4.10 所示,单击"修改 | 放置管道"选项栏上的"偏移量"选项右侧的下拉按钮,可以选择项目中已经用到的管道偏移量,也可以直接输入自定义的偏移量数值,默认单位为 mm。

**5. 坡度**

进入绘制管道模式后,使用"修改 | 放置管道"选项栏上→"带坡度管道"中的命令,可

以方便地绘制带坡度的管道,如图 4.11 所示。

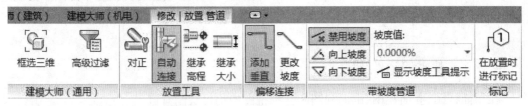

图 4.11

### 6. 指定管道放置方式

进入管道绘制模式,在激活的"修改 | 放置管道"选项卡可以看到"放置工具"面板,如图 4.11 所示。

(1)"对正"。

在平面视图和三维视图中绘制管道时,可以通过"对正"功能来指定管道对齐的方式。此功能在立面视图和剖面视图中不可用。

(2)"自动连接"。

在"修改 | 放置管道"选项卡中的"自动连接"命令可使相交管道自动添加管件、完成连接,如图 4.11 所示。默认情况下,"自动连接"这一选项是勾选的。

当勾选"自动连接"时,在两管段相交位置动生成四通,如图 4.12(a)所示;如果不勾选,则不生成管件,如图 4.12(b)所示。

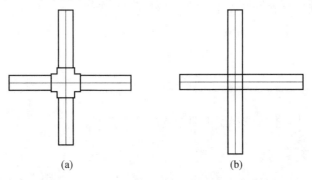

(a)　　　　　　　(b)

图 4.12

(3)"继承高程"和"继承大小"。

利用这两个功能,绘制管道的时候可以自动继承捕捉到的图元的高程和大小。

在默认情况下,这两项是不勾选的。如果勾选"继承高程",新绘制的管道将继承与其连接的管道或设备连接件的高程;如果勾选"继承大小",新绘制的管道将继承与其连接的管道或设备连接件的尺寸。

### 7. 指定管道起点和终点

将鼠标移至绘图区域,单击即可指定管道起点,移动至终点位置再次单击,完成一段管道的绘制。可以继续移动鼠标绘制下一管段,管道将根据管路布局自动添加在"类型属性"

对话框中预设好的管件。绘制完成后,按"Esc"键或点击鼠标右键选择"取消",退出管道绘制。

## 4.2.2 平行管道

平行管道的绘制是指根据已有的管道,绘制出与其水平或垂直方向平行的管道。但不能直接绘制若干平行管道。

(1)如图4.13所示,单击"系统"选项卡→"卫浴和管道"面板的"平行管道"选项。

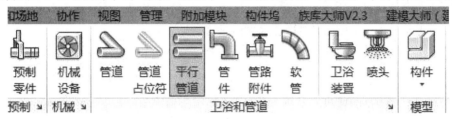

图 4.13

(2)如图4.14所示,进入平行道绘制模式后"修改 | 放置平行管道"选项栏被同时激活(图4.14)。通过指定"水平数""水平偏移""垂直数""垂直偏移"参数来控制平行管道的绘制。

图 4.14

## 4.2.3 管件

**1. 放置管件**

在平面视图、立面视图、剖面视图和三维视图都可以放置管件,放置管件有两种方法。

(1)自动添加。

在绘制管道过程中,Revit会根据需要自动生成管件,这些管件包括弯头、T形三通、过渡件等。

(2)手动添加。

如图4.15所示,单击"系统"选项卡→"卫浴和管道"面板的"管件"选项。在"属性"面板选择需要的管件放置到管路上。

**2. 编辑管件**

单击某一管件后,管件周围会显示一组管件控制柄。可用于修改管件尺寸、调整管件方

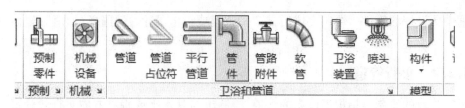

图 4.15

向和进行升级或降级,如图 4.16 所示。

(1)在所有连接件都没有连接符号时,可单击尺寸标注改变直径,如图 4.16(a)所示。

(2)单击符号⇔与可以实现管件水平或垂直翻转 180°。

(3)单击符号↻可以旋转管件(注意:当管件连接了管道后,该符号不再出现)。

(4)如果管件的旁边出现"−"号,表示可以降级该管件,如图 4.16(b)所示。例如,T 形三通可以降级为弯头;四通可以降级为 T 形三通。

(5)如果管件的旁边出现"+"号,表示可以升级该管件,如图 4.16(c)所示。例如,弯头可以升级为 T 形三通;T 形三通可以升级为四通。

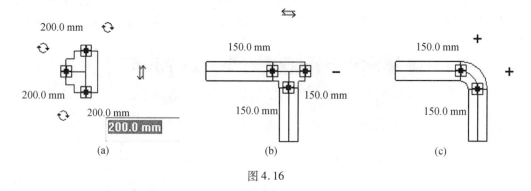

图 4.16

### 4.2.4 管道占位符

使用管道占位符,可以用于单线显示管道,不自动生成管件。管道占位符与管道可以相互转换。在项目初期时以绘制管道占位符代替管道可提高软件的运行速度。管道占位符支持碰撞检查功能,不发生碰撞的管道占位符转换成的管道也不会发生碰撞。

在平面视图、立面视图、剖面视图和三维视图中均可绘制管道占位符。

### 4.2.5 隔热层

**1. 添加管道隔热层**

选中需要添加隔热层的管路(包含管件),如图 4.17 所示,单击"修改 | 选择多个"选项卡→"管道隔热层"→"添加隔热层"选项,弹出"添加管道隔热层"对话框(图 4.18)。

在"添加管道隔热层"对话框(图 4.18),选择管道"隔热层类型"并指定隔热层的"厚度",点击"确定"按钮。图 4.19 为添加隔热层前后的管道图形。

图 4.17

图 4.18

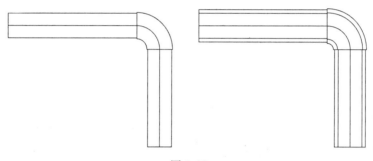

图 4.19

**2. 编辑删除管道隔热层**

选中带有隔热层的管道后,进入"修改丨管道隔热层"选项卡,点击"编辑隔热层"或"删除隔热层",可以修改或删除管道的隔热层。

# 4.3 风管系统设置

## 4.3.1 风管设置

在如图 4.20 所示的"机械设置"对话框中进行如下操作:点击左侧列表框内的"风管设置"。在此对话框右侧可设置空气和风管相关尺寸标注。

## 4.3.2 风管尺寸设置

如图 4.21 所示,依次点击"机械设置"对话框左侧列表框内"风管设置"下的"矩形",进入"矩形"风管尺寸设置界面(图 4.22)。

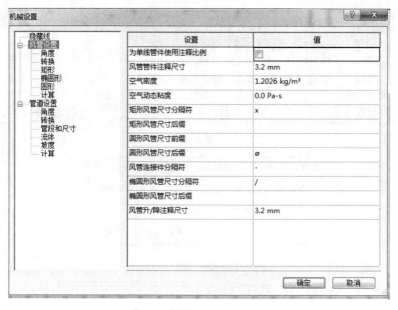

图 4.20

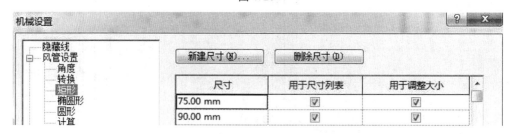

图 4.21

图 4.22

（1）新建尺寸。

点击"新建尺寸(N)..."按钮，弹出如图 4.21 所示的"风管尺寸"对话框。在"风管尺寸"对话框内，填写相应的尺寸。

（2）删除尺寸。

选中要删除的尺寸，点击"删除"按钮即可删除该尺寸。

（3）椭圆形、圆形风管。

椭圆形和圆形风管尺寸编辑方法与矩形风管相同。

### 4.3.3　其他设置

"机械设置"对话框→"风管设置"下的"角度",可设置弯管角度。

"机械设置"对话框→"风管设置"下的"转换",可设置不同系统管子的绘制高度。

"机械设置"对话框→"风管设置"下的"计算",通过点击"计算选项"下拉列表框可选择不同的沿程阻力计算公式。"计算选项"下部的文本框显示相应公式的具体内容。

# 4.4　风管绘制

### 4.4.1　基本风管绘制

在平面视图、立面视图、剖面视图和三维视图中均可绘制风管。绘制步骤依次为:

进入风管绘制模式→选择风管类型→指定风管偏移→指定风管放置方式→指定管道起点和终点。

风管绘制与管道绘制相似,这里只讲解风管绘制模式和风管放置方式,其余步骤参看4.2 节"管道绘制"。

**1. 进入风管绘制模式**

①如图 4.23 所示,单击"系统"选项卡→"HAVC"面板的"风管"选项。

图 4.23

②选中绘图区已布置构件族的管道连接件→右击鼠标→单击快捷菜单中的"绘制风管"。

③直接键入 PI。

进入行道绘制模式后"修改丨放置网管"选项栏(图 4.24)和"修改丨放置风管"选项卡(图 4.25)被同时激活。按照以下步骤手动绘制风管。

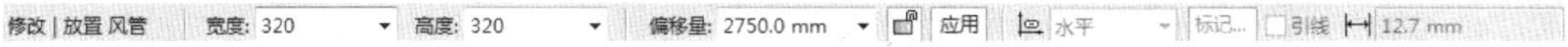

修改 | 放置 风管　宽度: 320　　▼　高度: 320　　▼　偏移量: 2750.0 mm　▼　🗆 应用　│⊵ 水平　▼　│标记...　□引线　│↦ 12.7 mm

图 4.24

指定风管放置方式:

进入风管绘制模式,在激活的"修改丨放置风管"选项卡可以看到如图 4.25 所示的"放置工具"面板。在"放置工具"面板可完成风管的对正、自动连接、继承高程及继承大小功能。在平面视图和三维视图中绘制管道时,可以通过"对正"功能来指定管道对齐的方式(此功能在立面视图和剖面视图中不可用)。

如图 4.23 所示,单击"系统"选项卡→"HAVC"面板的"风管"选项。单击"对正",打开"对正设置"对话框,如图 4.26 所示。

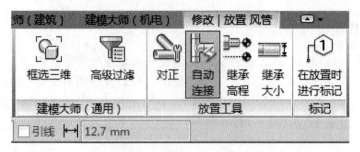

图 4.25

图 4.26

（1）水平对正。

当前视图下,以风管的"中心""左"或"右"侧边缘作为参照,将相邻两段风管边缘进行水平对齐。"水平对正"的效果与管方向有关,由左向右绘制风管时,选择不同"水平对正"方式的绘制效果,如图 4.27 所示。

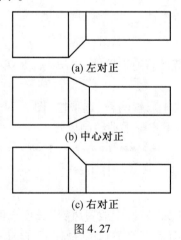

(a) 左对正

(b) 中心对正

(c) 右对正

图 4.27

（2）垂直对正。

当前视图下,以风管的"中""底"或"顶"作为参照,将相邻两段风管边缘进行垂盘对齐。"垂直对正"的设置决定风管"偏移"指定的距离。不同"垂直对正"方式下,偏移为3 300 mm绘制风管的效果,如图 4.28 所示。

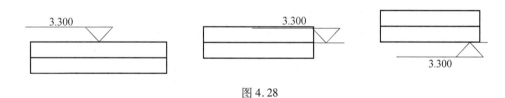

图 4.28

## 4.4.2  软风管

在平面视图、立面视图、剖面视图和三维视图中均可绘制软风管。如图 4.29 所示,单击"系统"选项卡→"HAVC"面板的"软风管"选项。

图 4.29

绘制步骤依次为:

进入软风管绘制模式→选择软风管类型→指定软风管偏移→指定软风管放置方式→指定软风管起点和终点。

## 4.4.3  内衬

**1. 添加风管内衬**

选中需要添加内衬的风管,如图 4.30 所示,依次单击"修改丨风管"选项卡→"风管内衬"→"添加内衬"选项,弹出"添加风管内衬"对话框(图 4.31)。

图 4.30

图 4.31

在"添加风管内衬"对话框中,选择添加风管内衬的"隔热层类型"并指定添加风管内衬的"厚度",点击"确定"按钮。图 4.32 为添加内衬前后的风管图形对比图。

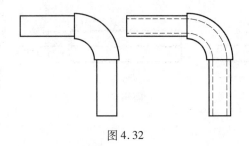

图 4.32

### 2.编辑删除风管内衬

选中带有内衬的风管后,进入"修改丨风管内衬"选项卡→"编辑风管内衬"或"删除风管内衬",可以修改或删除风管内衬。

# 4.5  管路和风管显示

在 Revit MEP 中,可以通过很多方式来控制管道和风管的显示,以满足不同的设计和出图需求。

## 4.5.1  视图详细程度

如图 4.33 所示,Revit MEP 的视图有三种详细程度:粗略、中等和精细。

图 4.33

管道和风管在不同详细程度下的显示见表 4.1。在精细详细程度下,管道和风管默认为双线显示;在粗略详细程度下,管道和风管默认为单线显示;在中等详细程度下,管道为单线显示而风管默认为双线显示。管道和风管在三种详细程度下的显示不能自定义修改,必须使用软件默认设置。

表 4.1

|  | 粗略详细程度 | 中等详细程度 | 精细详细程度 |
|---|---|---|---|
| 管路 |  |  |  |
| 风管 |  |  |  |

### 4.5.2　可见性/图形替换

如图 4.34 所示,单击"视图"选项卡→"可见性/图形"选项,弹出"可见性/图形替换"面板(图 4.35)。或者通过快捷键 vc 或 vv 打开当前视图的"可见性/图形替换"面板。

图 4.34

图 4.35

#### 1. 模型类别

管道和风管可见性可在"模型类别"选项卡中进行设置。这样既可以控制整个管道和风管族类别的显示,也可以控制管道和风管族的子类别的显示。勾选表示可见,不勾选表示不可见。

"模型类别"选项卡中右侧的"详细程度"选项还可以控制管道和风管族在当前视图显示的详细程度。默认情况下为"按视图",也可以设置为"粗略""中等"或"精细",这时管道和风管的显示将不依据当前视图详细程度的变化而变化,而始终为所选择的详细程度。

#### 2. 过滤器

对于当前视图上的管道和风管及其附件等,如需要依据某些原则进行隐藏或区别显示,则可使用"过滤器"功能。

(1)如图4.36所示,单击"可见性/图形替换"面板中的"过滤器"选项。

图 4.36

(2)在"过滤器"选项内点击"编辑/新建(E)..."按钮,弹出"过滤器"面板(图4.37)。

图 4.37

(3)"过滤器"面板分三个部分:左侧是过滤器名称操作部分,包括"过滤器"列表框和过滤器名称操作的四个按钮,从左到右依次为"新建""复制""重命名""删除"按钮;中部是过滤器包含类别操作部分,包括过滤器列表和过滤器包含类别选择列表;右侧是过滤器规则设定部分。

### 4.5.3　升符号和降符号

图 4.38 中管道系统的"类型属性"中"上升/下降"分组中的参数可用来控制该系统类型中管道标高变化时的显示。

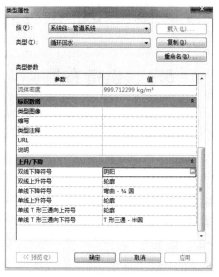

图 4.38

单击"上升/下降"分组下各参数值右侧按钮,激活"选择符号"对话框(图 4.39),在其中选择需要的符号。

图 4.39

# 第5章 风系统

## 5.1 设备布置

### 5.1.1 风设备的载入、定位与属性设置

机械设备在三维空间的定位需要考虑在平面、高度和连接位置的空间放置,每个设备都有各自的属性,需要对其进行设置。

(1)机械设备载入项目的方法。

如图5.1所示,单击"系统"选项卡→"机械"面板→"机械设备"选项。如图5.2所示,在"属性"面板选择需要的设备。如果在"属性"面板中没有需要的设备,则需点击"属性"面板的"编辑类型"按钮,在弹出的如图5.3所示的"类型属性"面板上,点击"载入(L)..."按钮,载入所需要的设备族。

图 5.1

图 5.2

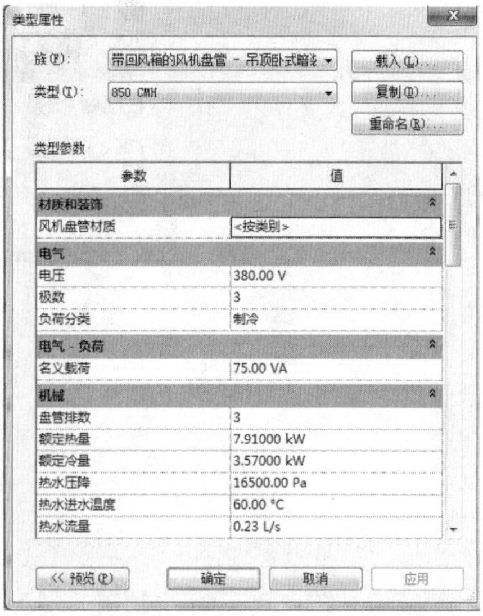

图 5.3

（2）属性设置。

在如图5.3所示的"类型属性"面板上，可设置机械设备的"材质和装饰""电气""电气-负荷"等属性。

（3）机械设备定位。

①在平面视图中选择需要放置的设备。在"修改|机械设备"选项卡→"修改"面板可以点击设备用工具栏的"移动""旋转"等命令对机械设备进行平面位置的精确定位。

②选择机械设备，如图5.4所示，在"属性"面板的"限制条件"栏目中设置设备高度。"标高"栏表示设备在项目中放置的标高基准，如"标高1"即设备的基准面放置在"标高1"的高度上（设备的基准面一般是设备底部）；如果设备不是正好放置在标高位置，则可以在"偏移"栏调整高度，如输入"400"即表示设备在"'标高1'+400 mm"的高度面上放置。

图5.4

## 5.1.2 风道末端布置

**1.风道末端载入**

在图5.5所示界面，单击"系统"选项卡→"HVAC"面板→"风道末端"选项。在图5.6所示属性面板中可选择不同种类和类型的风道末端；在选项栏可选择是否勾选"放置后旋转"选项，确定风道末端放置后是否旋转。

也可在图5.7所示"项目浏览器"中，依次点击"族"→"风道末端"→"送风口"，选择相应类型送风口，点右键→"创建实例（T）"，创建风道末端。

图5.5

图 5.6

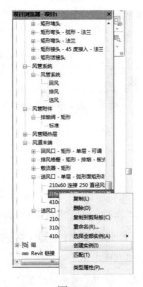

图 5.7

## 2. 属性设置

如图 5.8 所示,选择"风道末端"图元,在"属性"面板的"限制条件"栏目中设置"风道末端"图元高度;在"机械-流量"栏目中,设置标头损失(压力损失)和风量。

在"属性面板"的"类型参数"中,可以设置尺寸标注等参数,直接修改将改变项目中已存在的此类型图元;若只需改变当前图元属性,则应点击按钮,在对话框中输入新名称,这样就创建了一个新的类型,在"类型选择器"下拉列表中将出现新建类型。

当风道末端放入项目以后,在选项栏"流量"选项处,可修改其流量参数。

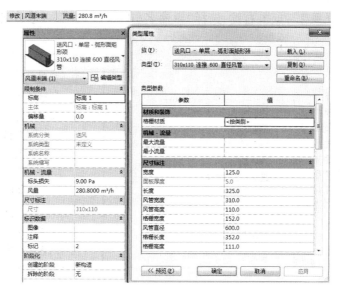

图 5.8

# 5.2 风系统布置

## 5.2.1 定义风管系统

Revit MEP 将风管系统作为系统族添加到项目文件中,预定义了三种风管系统分类:"送风""回风""排风"。

### 1. 建立新风系统

如图 5.9 所示,在"项目浏览器"面板点击"族"→"风管系统"→"风管系统",选择"送风"。点击右键,选择"复制(L)"选项,在"风管系统"下生成"送风 2"(图 5.10)。

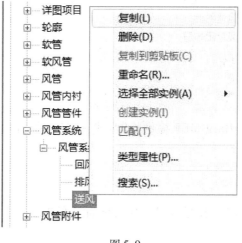

图 5.9

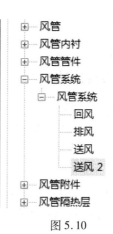

图 5.10

然后,选择"送风2",点击右键,选择"重命名(R)..."选项,可修改名称为"新风"(图5.12)。

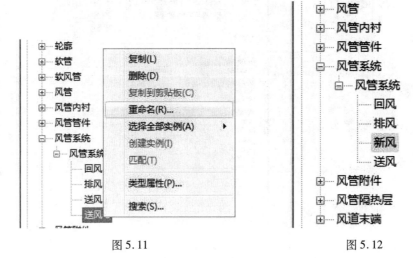

图 5.11　　　　　　　　　　　图 5.12

## 2. 建立乏气系统

按建立新风系统方法,复制"排风"系统建立"乏气"系统,如图5.13 所示。

图 5.13

## 5.2.2　系统连接

完成系统连接有两种方法:一种是使用 Revit MEP 提供的"生成布局"功能自动完成风管布局连接;另一种是手动绘制风管。

## 1. 创建系统

如图5.14 所示,房间内布置 1 个风机盘管(型号:1020CMH;标高:3 000 mm)和 2 个送风口(型号:210×60;标高:2 500 mm)。

（1）利用 5.2.1 节中所述复制、重命名的方法建立新风系统（图 5.15）。

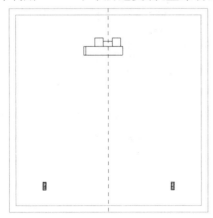

图 5.14　　　　　　　　　　　　　　　图 5.15

（2）图 5.14 中,选择任一风道末端,自动切换至"修改|风道末端"上下文选项卡（图 5.16）。"修改|风道末端"上下文选项卡→"创建系统"→"风管"选项,弹出"创建风管系统"对话框（图 5.17）。

图 5.16　　　　　　　　　　　　　　　图 5.17

（3）在图 5.17 所示"创建风管系统"对话框内,"系统类型(S)"项选择"新风","系统名称(N)"项修改为"机械 新风 1",勾选"在系统编辑器打开(I)",点击"确定"按钮,自动切换至"编辑风管系统"上下文选项卡（图 5.18）。

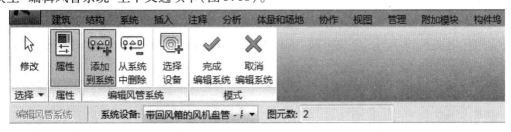

图 5.18

（4）在图 5.18 所示选项卡中点击"添加到系统"选项后,将其余的风道末端选中加入系统。

（5）在图 5.18 所示选项卡中点击"选择设备"选项,将风机盘管选中;也可在选项栏中的"系统设备"选项选择风机盘管。

（6）在图 5.18 所示选项卡中点击"完成编辑系统"选项,完成系统编辑。

（7）在图 5.19 所示"系统浏览器面板"可见生成的"新风 1"系统。在"系统浏览器面板"点击新风 1,新风 1 系统所属设备被高亮显示。

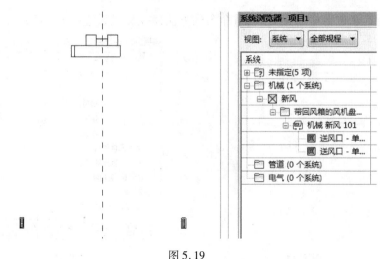

图 5.19

## 2. 生成布局

"生成布局"适用于项目初期或简单的风管/管道布局,可以提供简单的布局路径,示意风管道大致的走向,粗略计算风管道的长度、尺寸和管路损失。

(1)单击逻辑系统中风道末端,激活"生成布局"命令,如图 5.20 所示。

(2)在图 5.20 所示选项卡中操作如下:"修改|风道末端"上下文选项卡→"布局"面板→"生成布局"选项,自动切换至"生成布局"上下文选项卡。

图 5.20

(3)单击图 5.21 所示"生成布局"面板中的"完成布局"完成系统连接,结果如图 5.22 所示。

图 5.21

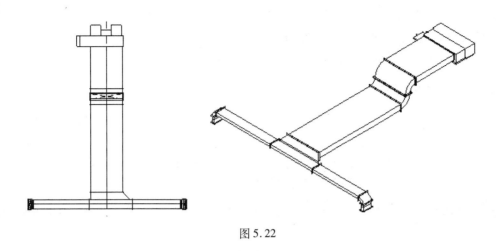

图 5.22

### 3. 风管的绘制方法

手动绘制风管的方法可参看 4.4.1 节"基本风管绘制"和本书资源 5-1,绘制结果如图 5.23 所示。

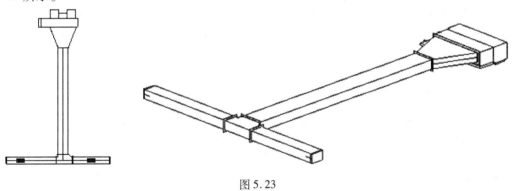

图 5.23

### 4. 风管附件的载入、属性设置

如图 5.24 所示,单击"系统"选项卡→"HVAC"面板→"风管附件"选项。具体操作方法与 5.1.2 节"风道末端布置"相同。

图 5.24

# 5.3  系统检查

Revit MEP 提供多种分析检查功能协助用户完成暖通空调系统设计。"检查系统"用于检查设备连接件;"调整风管/管道大小"可以根据不同计算方法自动计算管路的尺寸;"系统检查器"可以检查系统的流量、流速、压力等信息;"颜色填充"功能可以根据某一指定参数为风管系统、水管系统和空间等附着颜色,协助用户分析、检查设计。

### 5.3.1 风系统检查

**1. 检查系统连接**

如图 5.25 所示,单击"分析"选项卡→"检查系统"面板→"检查风管系统"选项。Revit MEP 自动检查已指定到"机械"规程下的风管系统。

图 5.25

如果被检查的连接件属性设置错误或物理连接不好,将显示⚠。单击⚠,将显示错误报告,如图 5.26 所示。如果取消检查风管系统,再次单击"检查风管系统"选项即可。

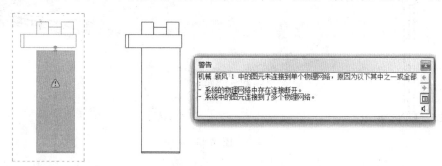

图 5.26

**2. 检查系统的流量、流速、压力等信息**

(1)在图 5.23 所示的风管系统中,选中任意管段,激活"修改 | 风管"选项卡(图 5.27)。如图 5.28 所示,单击"修改 | 风管"选项卡→"分析"面板→"系统检查器"选项,弹出"系统检查器"对话框(图 5.29)。

图 5.27

图 5.28                                      图 5.29

（2）点击"系统检查器"对话框"检查"选项,结果如图 5.30 所示。

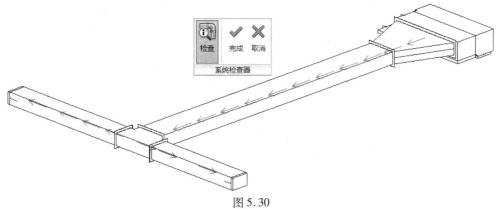

图 5.30

（3）移动鼠标到风管和支路风管处,显示结果如图 5.31 和图 5.32 所示。

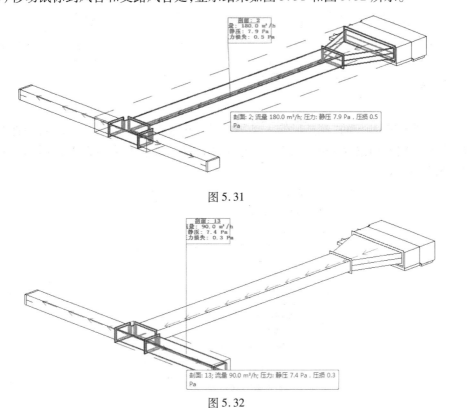

图 5.31

图 5.32

### 5.3.2 调整风管大小

Revit MEP 提供的"调整风管/管道大小"功能,可以根据不同计算方法自动计算管路的尺寸。

(1)在图 5.33 所示的风管系统中,选中一段风管(该风管宽度为 320;高度为 120),并激活"修改 | 风管"选项卡(图 5.27)。如图 5.34 所示,单击"修改 | 风管"选项卡→"分析"面板→"调整风管/管道大小"选项,弹出"调整风管大小"对话框(图 5.35)。

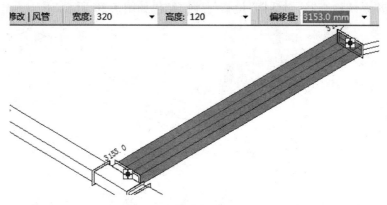

图 5.33

图 5.34

(2)在图 5.35 所示的"调整风管大小"对话框,更改"速度"项为 1.0 m/s;勾选"限制高度(H)"项,并将数值选为 120。点击"确定"按钮,将风管宽度调为 500,此时高度不变,结果如图 5.36 所示。

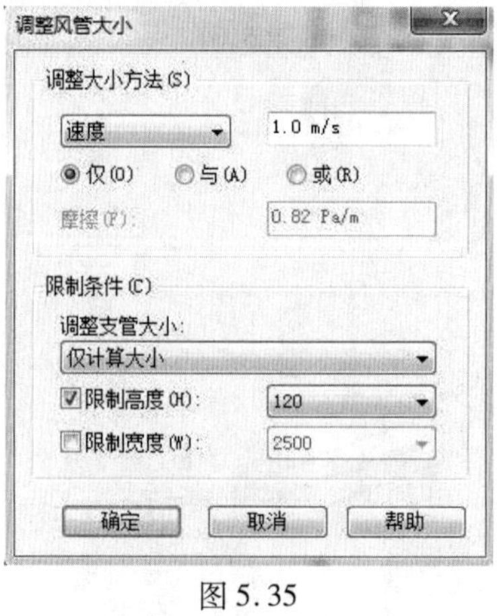

图 5.35

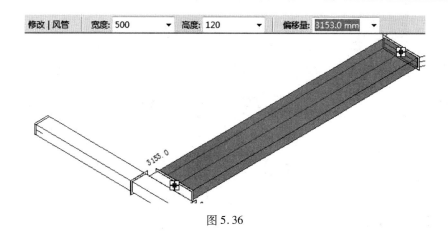

图 5.36

# 第6章 水系统

## 6.1 设备布置

### 6.1.1 卫浴设备布置

#### 1. 载入卫浴族

如图 6.1 所示,单击"插入"选项卡→"从库中载入"面板→"载入族"选项,弹出"载入族"对话框(图 6.2)。

在图 6.2 所示"载入族"对话框内选择"厕所隔断 1 3D""蹲式便器 3D""台盆-多个3D""小便斗 3D"族文件,单击"确定"按钮,完成以上族的载入。

图 6.1

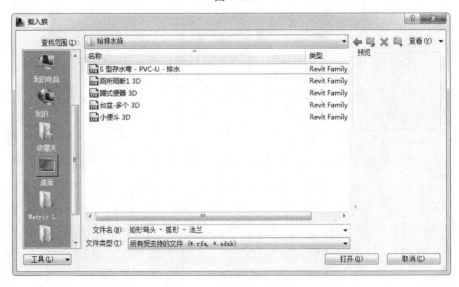

图 6.2

**2. 布置隔断**

（1）如图 6.3 所示，单击"系统"选项卡→"卫浴和管道"面板→"卫浴装置"选项。

图 6.3

（2）如图 6.4 所示，在"属性"面板类型选择器中，设置"厕所隔断 | 3D"的族类型为"中间或靠墙（落地）"，将该类型设置为当前使用类型。

（3）如图 6.5 所示，在"属性"面板中分别调整"隔断高度""深度"和"宽度"为 1800.0、1200.0 和 900.0，单击"应用"按钮，应用该设置。

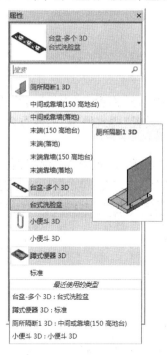

图 6.4

图 6.5

（4）如图 6.6 所示，移动光标至墙右侧位置，单击在该位置放置卫生间隔断。完成后按"Esc"键两次，退出卫浴装置放置状态。

（5）如图 6.7 所示，选择隔断，单击"修改"面板中的"移动"工具，将隔断移动到Ⓐ轴墙内侧。

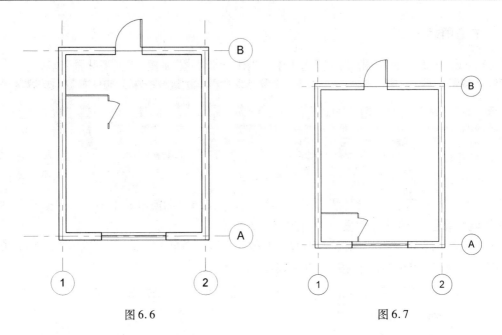

图 6.6　　　　　　　　　　　　图 6.7

### 3. 蹲式便器

（1）如图 6.3 所示，单击"系统"选项卡→"卫浴和管道"面板→"卫浴装置"选项。

（2）如图 6.8 所示，在"属性"面板类型选择器中，设置"蹲式便器"的族类为当前使用类型，激活"修改｜放置 卫浴装置"上下文选项卡。

（3）如图 6.8 所示，"修改｜放置 卫浴装置"→"放置"面板→"放置在面上"选项，按"空格"键，蹲式便器以 90°进行旋转，当其旋转至图中所示方向时，单击鼠标放置该蹲式便器。

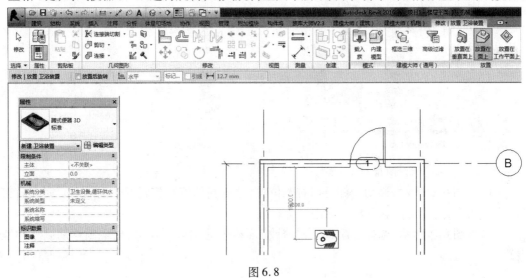

图 6.8

（4）如图 6.9 所示，单击"建筑"选项卡→"工作平面"面板→"参照平面"选项。

（5）如图 6.10 所示，在沿卫生间隔断内侧画一水平参照面 1，在参照面 1 和Ⓐ轴墙内侧之间画水平参照面 2。

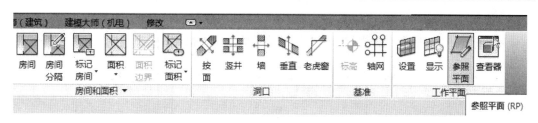

图 6.9

（6）如图 6.11 所示，标注尺寸，点击"EQ"，使水平参照面 2 上下尺寸相等（图 6.12）。

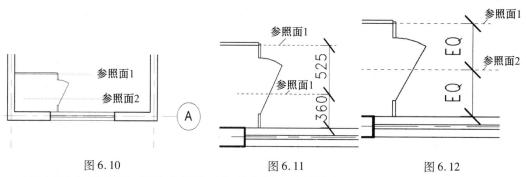

图 6.10　　　　　　　　图 6.11　　　　　　　　图 6.12

（7）如图 6.13 所示，将蹲式便器对齐到参照面 2 并锁定。

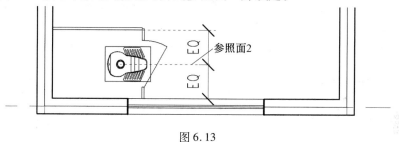

图 6.13

（8）如图 6.14 所示，绘制垂直参照面 3，调整在参照面 3 和 1 轴墙内侧之间距离为 300。

（9）如图 6.15 所示，将蹲式便器对齐到参照面 3 并锁定。

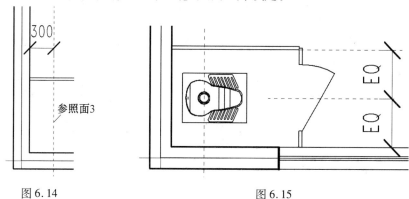

图 6.14　　　　　　　　　　图 6.15

（10）如图 6.16 所示，选中蹲式便器和隔断，激活"修改｜卫浴装置"上下文选项卡。

（11）如图 6.16 所示，单击"修改｜卫浴装置"上下文选项卡→"修改"面板→"复制"选项，在选项栏选择"多个"选项。

(12)向上复制两个蹲式便器,操作结果如图 6.17 所示。

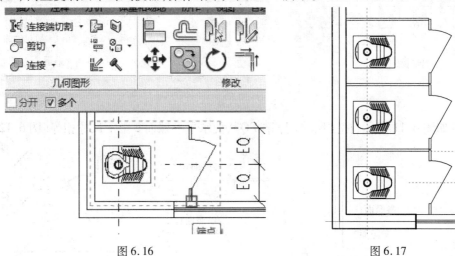

图 6.16　　　　　　　　　　　　　　　图 6.17

### 4. 布置小便斗

(1)如图 6.3 所示,单击"系统"选项卡→"卫浴和管道"面板→"卫浴装置"选项。

(2)如图 6.18 所示,在"属性"面板类型选择器中,设置"小便斗"的族类为当前使用类型,激活"修改 | 放置卫浴装置"上下文选项卡。

(3)如图 6.19 所示,将小便斗放置在 2 轴墙内侧。

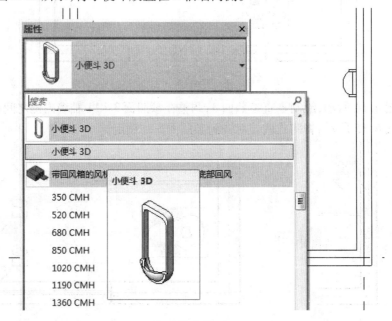

图 6.18

(4)如图 6.19 所示,绘制参照面 3、4。

(5)如图 6.20 所示,将小便斗对齐并锁定到参照面 3。

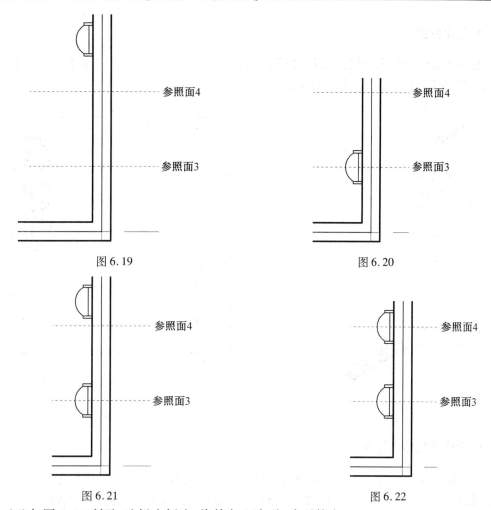

图 6.19

图 6.20

图 6.21

图 6.22

（6）如图 6.21 所示，选择小便斗，将其向上阵列，阵列数为 2。

（7）如图 6.22 所示，将上方的小便斗对齐并锁定到参照面 4。

（8）如图 6.23 所示，更改阵列列数为 3。

（9）如图 6.24 所示，更改参照面 3、4 的距离，改变阵列间距。

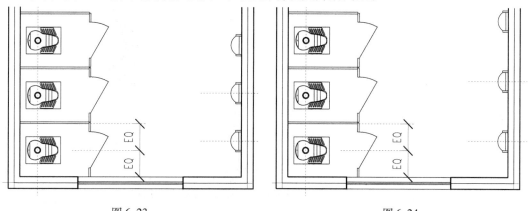

图 6.23

图 6.24

### 5. 创建台盆

如图 6.25 所示,在"属性"面板类型选择器中,设置"台盆-多个 3D"的族类为当前使用类型。按前述方法布置"台盆"(图 6.26)。

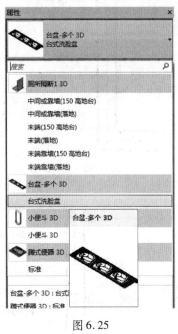

图 6.25

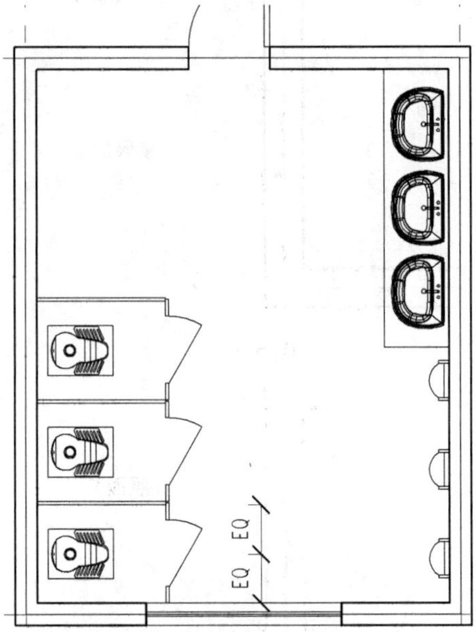

图 6.26

### 6. 创建其他标高卫浴

(1)如图 6.27 所示,框选全部图元,激活"修改 | 选择多个"上下文选项卡。单击"修改 | 选择多个"上下文选项卡→"选择"面板→"过滤器"选项,弹出"过滤器"对话框(图 6.28)。

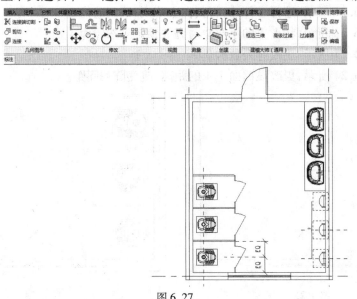

图 6.27

（2）在"过滤器"对话框（图 6.28）的"类别"列表框,勾选"卫浴装置"和"模型组",点击"确定"按钮,如图 6.29 所示,房间内的卫浴装置均被选中。

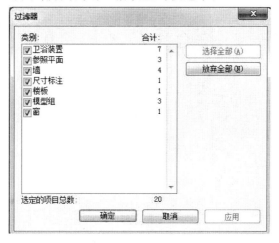

图 6.28

图 6.29

（3）如图 6.30 所示,单击"修改｜选择多个"上下文选项卡→"剪贴板"面板→"复制"选项。

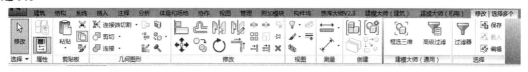

图 6.30

（4）如图 6.31 所示,点击"粘贴"上下文选项→"与选定标高对齐"选项,弹出"选择标高"对话框（图 6.32）。

（5）如图 6.33 所示,在"选择标高"对话框,选择标高 2 和标高 3,点击"确定"按钮。

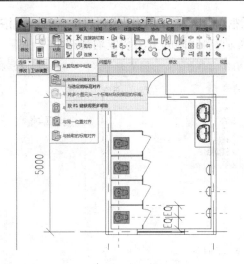

图 6.31

图 6.32 　　　　　　　　　　　　图 6.33

（6）如图 6.34 所示，在三维视图，卫生设备已被复制到建筑物的 2 层和 3 层。

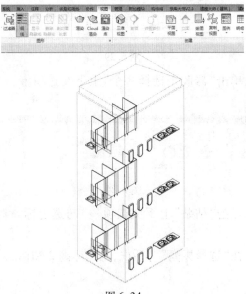

图 6.34

## 6.1.2　散热器布置

(1)如图 6.35 所示,单击"系统"选项卡→"机械"面板→"机械设备"选项。

图 6.35

(2)如图 6.36 所示,在"属性"面板类型选择器中,设置当前"散热器-铜铝复合-异侧-下进下出"的族类型为"400",将该类型设置为当前使用类型。

(3)移动光标至左侧墙位置,单击在该位置放置 4 个散热器。完成后按"Esc"键两次退出散热器放置状态(图 6.37)。

(4)如图 6.38 所示,在"属性"面板中分别调整立面、数量和离墙距离为 200、8 和 25,单击"应用"按钮,应用该设置。

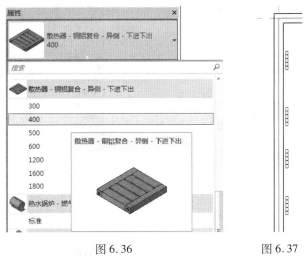

图 6.36　　　　　　　　　　图 6.37

## 6.1.3　消火栓布置

(1)如图 6.35 所示,单击"系统"选项卡→"机械"面板→"机械设备"选项。

(2)如图 6.39 所示,在"属性"面板类型选择器中,设置"消火栓"为当前使用类型。

(3)如图 6.40 所示,在"属性"面板中分别调整立面为 1200.0,单击"应用"按钮,应用该设置。

(4)放置与调整方法与散热器相同。

图 6.38

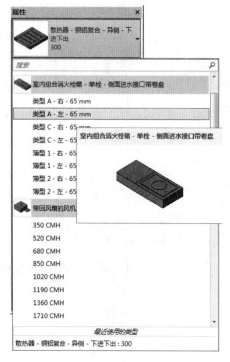

图 6.39

图 6.40

# 6.2 建立给排水系统

管道系统包括 11 个系统,分别是"湿式消防系统""干式消防系统""其他消防系统""预防作用消防系统""家用冷水""家用热水""循环供水""循环回水""卫生设备""其他"

"通风孔"。其中"卫生设备"即排水。

## 6.2.1　定义给水系统

### 1. 建立一层小便器给水系统

（1）如图 6.41 所示,在"项目浏览器"面板点击"族"→"管道系统"→"管道系统",选择"循环供水"。点击右键,选择"复制"选项,在"管道系统"下生成"循环供水 2"（图 6.42）。

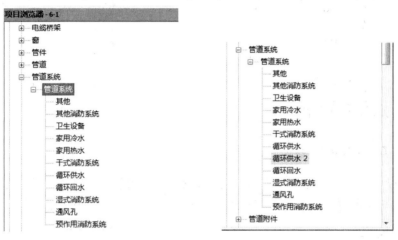

图 6.41　　　　　　　　　　　　　　　　图 6.42

（2）如图 6.43 所示,选择"循环供水 2",点击右键,选择"重命名（R）..."选项,可修改其名称（图 6.44）。

图 6.43　　　　　　　　　　　　　　　　图 6.44

（3）如图 6.45 所示,将"循环供水 2"改为"一层小便器给水系统"。

### 2. 建立一层大便器给水系统

如图 6.46 所示,参照建立一层小便器给水系统的方法,建立一层大便器给水系统。

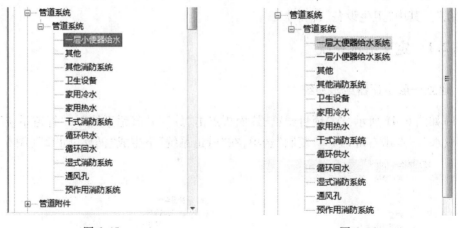

图 6.45 　　　　　　　　　　　　　　　图 6.46

### 6.2.2　定义排水系统

**1. 建立一层小便器排水系统**

如图 6.47 所示,在"项目浏览器"面板点击"族"→"管道系统"→"管道系统",选择"卫生设备"。点击右键,选择"复制(L)"选项,在"管道系统"下生成"卫生设备 2"(图 6.48)。

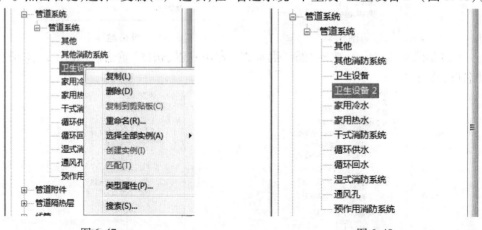

图 6.47 　　　　　　　　　　　　　　　图 6.48

（2）如图 6.49 所示,选择"卫生设备 2",点击右键,选择"重命名(R)…"选项,可修改"卫生设备 2"的名称。

（3）如图 6.50 所示,将"卫生设备 2"名称改为"一层小便器排水系统"。

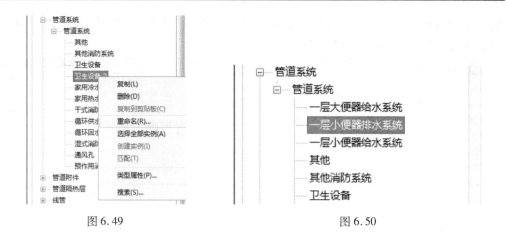

图 6.49                                                      图 6.50

**2. 建立一层大便器排水系统**

如图 6.51 所示,参照建立"一层小便器排水系统"的方法,建立"一层大便器排水系统"。

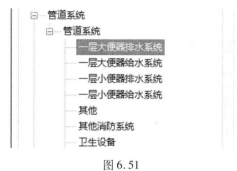

图 6.51

# 6.3  绘制给排水系统图

## 6.3.1  小便器给水支段管路绘制

(1)如图 6.52 所示,单击"系统"选项卡→"卫浴和管道"面板→"管道"选项,激活"管道绘制界面(图 6.53)。

图 6.52

(2)如图 6.53 所示,在"修改 | 放置  管道"选项卡→"放置工具"面板→选择"自动连接"和"继承大小";在"修改 | 放置  管道"选项卡→"带坡度管道"面板→选择"禁用坡

度";在选项栏,修改"偏移量"值为2000.0 mm;在"属性"面板→"机械"→"系统类型"下拉列表框选择"一层小便器给水系统"。

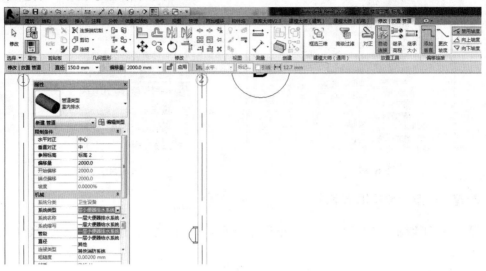

图 6.53

(3)如图6.54所示,移动鼠标,当在"小便斗"中部右侧出现"端点"捕捉框,点鼠标左键,向右画一段管子(图6.55)。

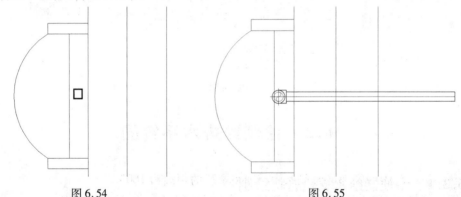

图 6.54                                   图 6.55

(4)如图6.56所示,进入项目浏览器面板的"机械"→"南-机械"视图,单击"建筑"选项卡→"工作平面"面板→"参照平面"选项,绘制一水平参照面。

(5)如图6.57所示,选择新绘制的参照平面,添加"属性"面板→"名称"项值为"天棚给水管参照面";修改天棚给水管参照面与"标高3"的距离为300。

(6)如图6.58所示,将水平管中心线对齐到天棚给水管参照面,并锁定。

(7)如图6.59所示,单击"系统"选项卡→"卫浴和管道"面板→"管路附件"选项。

(8)如图6.60所示,在"属性"面板选择"卫生器具阀门DN20mm",将其添加到立管上。

(9)如图6.56所示,单击"建筑"选项卡→"工作平面"面板→"参照平面"选项,绘制一水平参照面。

(10)如图6.61所示,选择新绘制的参照平面,添加"属性"面板→"名称"项值为"阀门

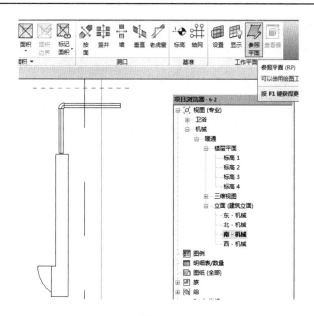

图 6.56

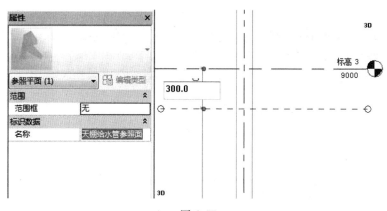

图 6.57

底部平面";修改阀门底部平面参照面与"标高2"的距离为1600。

（11）如图6.62所示，将阀门底部对齐到阀门底部平面参照面，并锁定。

### 6.3.2 小便器排水支段管路绘制

（1）如图6.63所示，单击"视图"选项卡→"图形"面板→"可见性/图形"选项,弹出"立面:南-机械的可见性/图形替换"面板（图6.64）。

（2）如图6.64所示,在"立面:南-机械的可见性/图形替换"面板的"过滤器"选项卡内,勾选"卫生设备"可见性,点击"确定"按钮。

（3）选择小便斗,点击小便斗下部排水管连接接口,向下画一段排水管管子（图6.65）。

（4）如图6.65所示,绘制"排水管标高1"参照平面,修改"排水管标高1"参照平面与"标高2"的距离为350.0,将排水管底部对齐并锁定到"排水管标高1"参照平面。

（5）如图6.66所示,选择刚画的排水管,在"属性"面板"机械"分区,分别修改"系统类

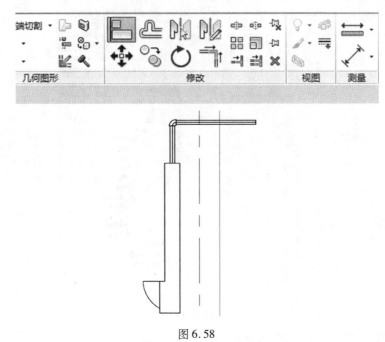

图 6.58

图 6.59

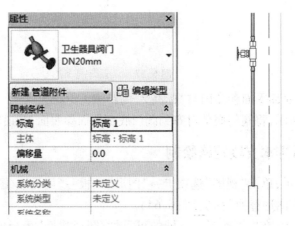

图 6.60

型"值为"一层小便器排水系统","管段"值为"PVC-U-GB/T 5836"。

(6)如图 6.67 所示,单击"系统"选项卡→"模型"面板→"构件"→"放置构件"选项。

(7)如图 6.68 所示,在"属性"面板选择"S 型存水弯-PVC-U-排水"的阀门,将其添加到排水管上。

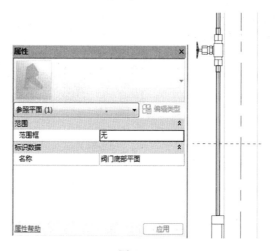

图 6.61

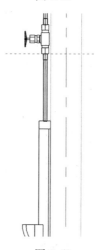

图 6.62

图 6.63

（8）如图 6.69 所示,进入"标高 1"平面视图,点击"属性"面板→"范围"分区→"视图范围"按钮,弹出"视图范围"对话框,按图中设置"视图范围"各选项,点击"确定"按钮,在"标高 1"平面视图显示出"S 型存水弯"（图 6.70）。

（9）如图 6.70 所示,将"S 型存水弯"旋转 90°,在"S 型存水弯"出口绘制向下的排水管。

图 6.64

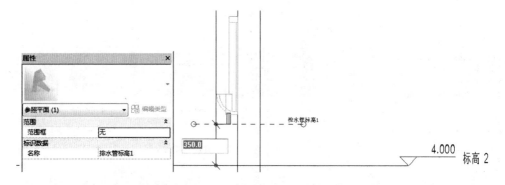

图 6.65

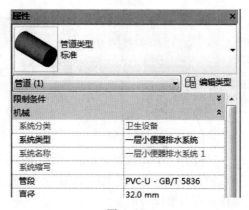

图 6.66

图 6.67

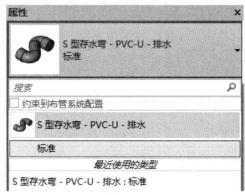

图 6.68

图 6.69

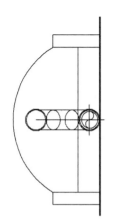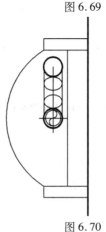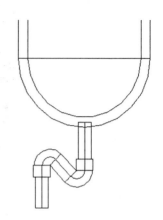

图 6.70

# 第7章 Revit 输出

## 7.1 图纸设计

### 7.1.1 标题栏

**1. 选择标题栏**

(1)打开"新建图纸"对话框。

打开"新建图纸"对话框有两种方法:

①如图7.1所示,单击"视图"选项卡→"图纸组合"面板→"图纸"选项,弹出"新建图纸"面板(图7.2)。

图 7.1

②如图7.3所示,在"项目浏览器"面板右击"图纸"选项,在上下文关联菜单选择"新建图纸(N)..."选项,弹出"新建图纸"面板(图7.2)。

图 7.2                    图 7.3

(2)在"新建图纸"对话框选择标题栏。

如图7.2所示,在"新建图纸"对话框中,可以在"选择标题栏"列表中选择已加载的标题栏;也可通过点击"载入"按钮,通过弹出的"新族-选择样板文件"对话框(图7.4)加载新的标题栏文件。

图7.4

**2. 新建标题栏**

(1)新建标题栏文件。

单击"应用程序菜单"选项卡→"新建"上下文选项卡→"族"选项,弹出"新族-选择样板文件"对话框(图7.4)。

在"新族-选择样板文件"对话框(图7.4)"标题栏"文件夹下,选择模板,建立自己的标题栏文件。

(2)另存标题栏。

选择已有图框,自动切换至"修改|图框"上下文选项卡,如图7.5所示。依次点击"修改|图框"上下文选项卡→"模式"上下文选项→"编辑族"选项,进入族编辑模式(图7.6)。

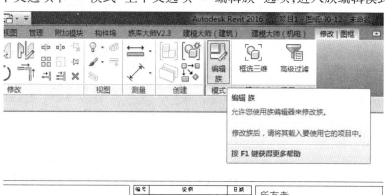

图7.5

如图7.6所示,单击"应用程序菜单"选项卡→"另存为"上下文选项卡→"族"选项,另存标题栏族文件。

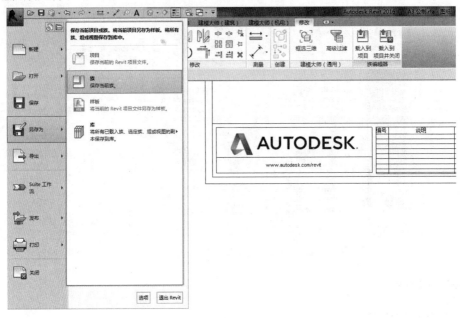

图 7.6

### 3. 关联项目信息

在设计中经常需要将项目信息自动关联到图纸标题栏,如项目名、项目代号、项目负责人等。下面的例子是将项目名、项目代号、项目负责人关联到图纸标题栏的过程,主要分三步,添加共享参数、将共享参数添加到项目信息、将项目信息与标题栏标签关联。

(1)添加共享参数。

①如图 7.7 所示,依次点击"管理"上下文选项卡→"设置"面板→"共享参数"选项,弹出"编辑共享参数"对话框(图 7.8)。

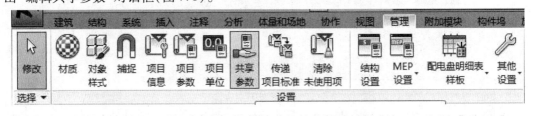

图 7.7

②如图 7.8 所示,在"编辑共享参数"对话框单击"创建(C)..."按钮,弹出"创建共享参数文件"对话框(图 7.9)。

③如图 7.9 所示,在"创建共享参数文件"对话框"文件名(N)..."选项输入"标题栏信息"。点击"保存(S)"按钮,返回编辑共享参数"对话框。

④如图 7.8 所示,在"编辑共享参数"对话框,单击"组"分项的"新建(E)..."按钮,弹出"新参数组"对话框(图 7.10)。

图 7.8

图 7.9

图 7.10

⑤如图 7.10 所示,在"新参数组"对话框"名称(N)"选项输入"项目信息"。点击"确定"按钮,返回"编辑共享参数"对话框(图 7.8)。

⑥如图 7.8 所示,在"编辑共享参数"对话框,单击"参数"分项的"新建(N)..."按钮,弹出"参数属性"对话框(图 7.11)。

⑦如图 7.11 所示,在"参数属性"对话框的"名称(N)"选项输入"项目名";在"规程(D)"选项选择"公共";在"参数类型(T)"选项选择"文字"。点击"确定"按钮,返回"编辑共享参数"对话框(图 7.8)。

⑧重复步骤⑥、⑦添加共享参数"项目负责人"和"项目代号"(图 7.12)。

图 7.11                                                                      图 7.12

（2）将共享参数添加到项目信息。

①如图 7.13 所示，依次点击"管理"上下文选项卡→"设置"面板→"项目参数"选项，弹出"项目参数"对话框（图 7.14）。

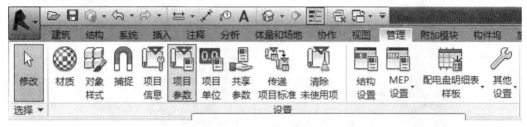

图 7.13

②如图 7.14 所示，在"项目参数"对话框，点击"添加（A）..."按钮，弹出"参数属性"面板（图 7.15）。

③如图 7.15 所示，在"参数属性"面板的"参数类型"选项选择"共享参数"选项。点击"选择（L）..."按钮，弹出"共享参数"面板（图 7.16）。

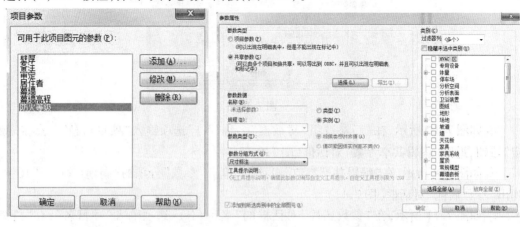

图 7.14                                                                      图 7.15

④如图 7.16 所示，在"共享参数"面板的"参数（P）"列表框内选择"项目名"，点击"确定"按钮返回"参数属性"面板。如果"参数"列表框没有"项目名"，则点击右侧"编辑

(E)...”按钮,弹出“编辑共享参数”面板(图7.17),通过“浏览(B)...”按钮选择“标题栏信息. txt”文件。

⑤如图7.18 所示,在“参数属性”面板右侧的“类别(C)”列表勾选“项目信息”选项。点击“确定”按钮,返回“项目参数”对话框。

图 7.16　　　　　　　　　　　　　　图 7.17

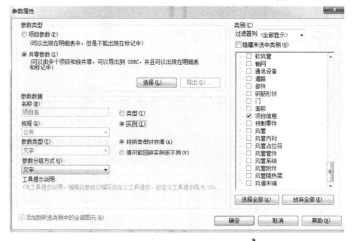

图 7.18

⑥重复步骤②～⑤,将“项目代号”和“项目负责人”添加到“项目参数”对话框。

⑦在图7.14 所示的“项目参数”对话框中点击确定按钮。

⑧如图7.19 所示,依次点击“管理”上下文选项卡→“设置”面板→“项目信息”选项,弹出“项目属性”面板(图7.20)。

图 7.19

⑨如图7.21 在“项目属性”面板,更改“项目代号”“项目负责人”“项目名”的值,点击

"确定"按钮。

图 7.20                    图 7.21

（3）将项目信息与标题栏标签关联。

①打开标题栏族文件。

②如图 7.22 所示，依次点击"创建"上下文选项卡→"文字"面板→"标签"选项，弹出"编辑标签"面板（图 7.23）。

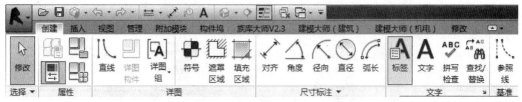

图 7.22

③在图 7.23 所示"编辑标签"面板中，点击左下方"添加参数"按钮，弹出"参数属性"面板（图 7.24）。

④在图 7.24 所示的"参数属性"面板，点击"选择(L)..."按钮，弹出"共享参数"面板（图 7.25）。

⑤如图 7.25 所示，在"共享参数"面板中的"参数(P)"列表框选择"项目名"。点击"确定"按钮，返回"参数属性"面板。

⑥如图 7.24 所示，在"参数属性"面板，点击"确定"按钮，返回"编辑标签"面板。

⑦在图 7.23 所示的"编辑标签"面板的"类别参数"列表框内，选择"项目名"。点击"将参数添加到标签"按钮，将"项目名"添加到"标签参数"列表框。

⑧点击"确定"按钮。

⑨重复步骤②～⑧，添加"项目代号""项目负责人"标签。

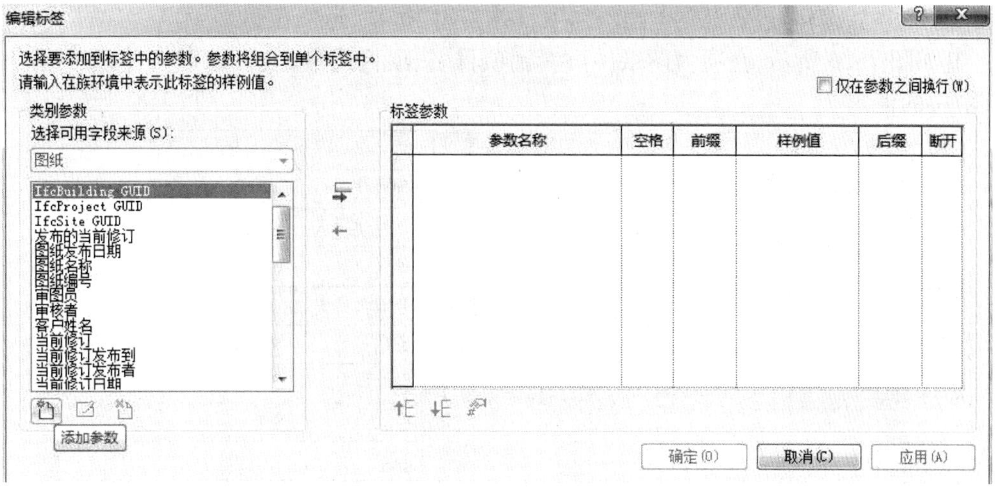

图 7.23

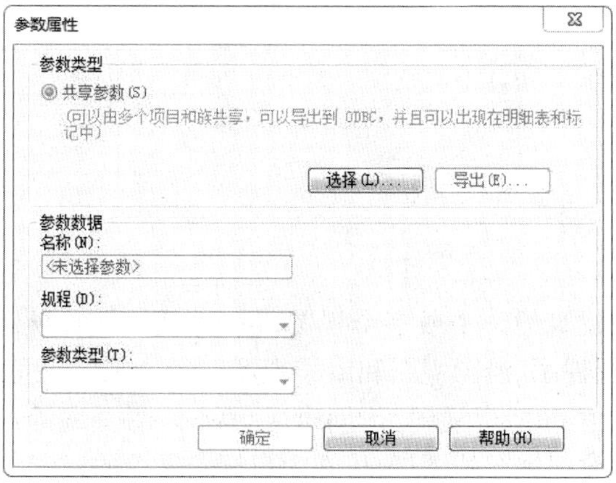

图 7.24

图 7.25

⑩点击"族编辑器"面板→"载入到项目并关闭"选项,返回项目。

⑪如图 7.26 所示,在项目图纸中可看到项目名、项目代号、项目负责人均显示为"项目属性"中的值。

图 7.26

## 7.1.2 视图

可以在图纸中添加建筑的一个或多个视图,包括楼层平面、场地平面、天花板平面、立面、三维视图、剖面、详图视图、绘图视图和渲染视图。每个视图仅可以放置到一个图纸上。要在项目的多个图纸中添加特定视图,请创建视图副本,并将每个视图放置到不同的图纸上。为快速打开并识别放置视图的图纸,可在项目浏览器中的视图名称上单击鼠标右键,然后单击"打开图纸"。

(1)在项目浏览器中,展开视图列表,找到该视图,然后将其拖曳到图纸上。

(2)如图 7.27 所示,单击"视图"选项卡→"图纸组合"面板→"视图",弹出"视图"对话框(图 7.28)。在图 7.28 的"视图"对话框中选择一个视图,然后单击"在图纸中添加视图(A)"按钮。

图 7.27

图 7.28

# 7.2　导出 CAD 文件

Revit 支持将模型导出为 CAD 文件格式,导出步骤如下:

(1)如图 7.29 所示,单击"应用程序菜单"选项卡→"导出"面板→"CAD 格式"选项→"DWG",弹出"DWG 导出"面板(图 7.30)。

图 7.29

(2)在"DWG 导出"面板(图 7.30),点击"修改导出设置"按钮选择,弹出"修改 DWG/DXF 导出设置"面板(图 7.31)。

(3)在"修改 DWG/DXF 导出设置"面板(图 7.31),可对图层名称分类和颜色进行修改。

例如,按风系统类别添加不同图层的具体操作过程如下:

如图 7.32 所示,在"修改 DWG/DXF 导出设置"面板,选择"风管"类别的图层修改器,点击"添加/编辑"按钮,弹出"添加/编辑图层修改器"面板(图 7.33)。在"添加/编辑图层修改器"面板左下方的"可用修改器"栏,选择"系统名称"项,点击">>"按钮,将"系统名称"

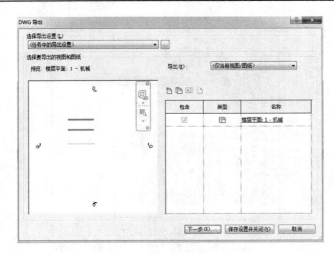

图 7.30

图 7.31

添加到"添加的修改器（M）"栏内。这样，在 CAD 文件内，不同的风系统具有不同的图层。

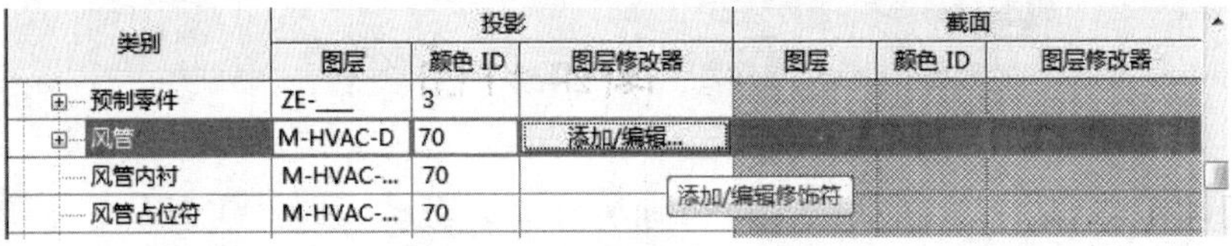

| 类别 | 投影 | | | 截面 | | |
|---|---|---|---|---|---|---|
| | 图层 | 颜色 ID | 图层修改器 | 图层 | 颜色 ID | 图层修改器 |
| 田—预制零件 | ZE-___ | 3 | | | | |
| 田—风管 | M-HVAC-D | 70 | 添加/编辑… | | | |
| ───风管内衬 | M-HVAC-... | 70 | | | | |
| ───风管占位符 | M-HVAC-... | 70 | | | | |

图 7.32

　　（4）在完成各项导出设置后，点击"DWG 导出"面板（图 7.30）的"下一步（X）…"，弹出"导出 CAD 格式-保存到目标文件夹"对话框（图 7.34）。

　　（5）在"导出 CAD 格式-保存到目标文件夹"对话框（图 7.34）内的"文件名/前缀（N）"选项，添加文件名；在"文件类型（T）"选项，选择输出的 CAD 版本。

　　（6）在"导出 CAD 格式-保存到目标文件夹"对话框（图 7.34）内，点击"确定"按钮，导出".dwg"格式文件。

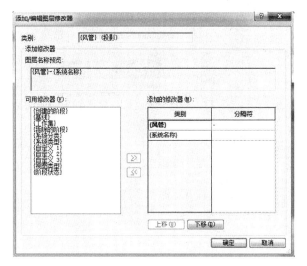

图 7.33

图 7.34

# 7.3　图纸打印

图纸打印步骤如下：

如图 7.35 所示，单击"应用程序菜单"选项卡→"打印"面板→"打印"选项，弹出"打印"对话框中。在"打印"对话框（图 7.36），选择需要载入的族文件，点击"确定"按钮。

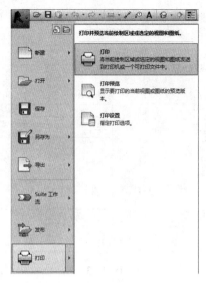

图 7.35

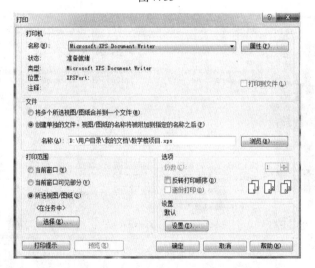

图 7.36

# 第8章 族

## 8.1 族的初步知识

### 8.1.1 族分类

Revit 中的所有图元都是基于族建立的。Revit 族分为系统族、内建族和构件族。

系统族:在 Autodesk Revit 中预定义的族,包含基本建筑构件,例如墙、楼板、管子。

内建族:在当前项目中创建的族,仅可用于该项目特定的对象。

构件族:具有.rfa 扩展名,可以将它们载入项目,从一个项目传递到另一个项目,而且如果需要还可以从项目文件保存到您的库中。

### 8.1.2 族使用

如图8.1所示,单击"插入"选项卡→"从库中载入"面板→"载入族"选项,弹出"载入族"对话框(图8.2)。在"载入族"对话框中,选择需要载入的族文件,点击"打开(O)"按钮。

图 8.1

机械族:单击"系统"选项卡→"模型"面板→"构件"选项,放置族,如图8.3(a)所示。

建筑族:单击"建筑"选项卡→"构件"面板→"构件"选项,放置族,如图8.3(b)所示。

结构族:单击"结构"选项卡→"模型"面板→"构件"选项,放置族,如图8.3(c)所示。

### 8.1.3 族样板

如图8.4所示,单击 Revit 左上角的"应用程序菜单"→"新建"→"族",弹出"新族-选择样板文件"对话框。

(1)公制常规模型。

使用公制常规模型(图8.5)创建的族可以放在项目的任何位置,不依赖于任何表面,是最常用的族样板。

图 8.2

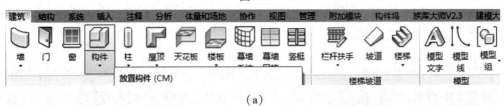

(a)

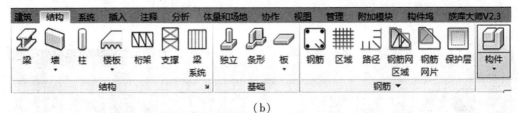

(b)

图 8.3

图 8.4

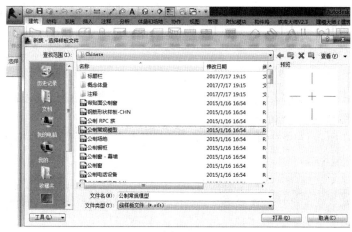

图 8.5

（2）基于墙的样板。

使用基于墙的样板可以创建将插入到墙中的构件。基于墙的构件的一些示例包括门、窗和照明设备。每个样板中都包括一面墙；为了展示构件与墙之间的配合情况，这面墙是必不可少的。

（3）基于天花板的样板。

使用基于天花板的样板可以创建将插入到天花板中的构件。基于天花板的族示例包括喷水装置和隐蔽式照明设备。

### 8.1.4 进入族编辑器

（1）如图 8.4 所示，单击"应用程序菜单"选项卡→"新建"面板→"族"选项，弹出"新族-选择样板文件"对话框（图 8.5）。

（2）如图 8.5 所示，在"新族-选择样板文件"对话框的列表框选择"公制常规模型"，点击"确定"按钮，进入"族编辑器"界面（图 8.6）。

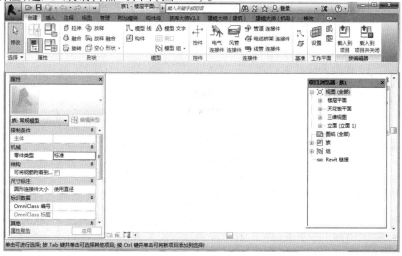

图 8.6

### 8.1.5 三维族模型

**1. 拉伸**

实心或空心拉伸是最容易创建的形状,可以在工作平面上绘制形状的二维轮廓,然后拉伸该轮廓使其与绘制它的平面垂直。

(1)如图 8.7 所示,单击"创建"选项卡→"形状"面板→"拉伸"选项,激活"修改丨创建拉伸"选项卡(图 8.8)。

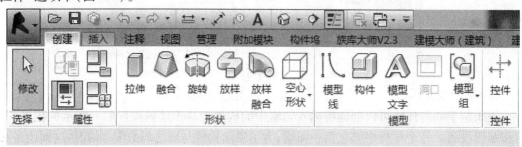

图 8.7

(2)依次点击"修改丨创建拉伸"选项卡→"绘制"面板→"圆"选项,在绘图区绘制圆。

(3)如图 8.8 所示,依次点击"修改丨创建拉伸"选项卡→"模式"面板→"确定"选项,完成绘制。拉伸模型如图 8.9 所示。

图 8.8

**2. 创建融合**

"融合"工具将两个轮廓(边界)融合在一起。例如在底部绘制一个大圆,并在其顶部绘制一个小圆,则 Revit 会将这两个形状融合在一起形成一个圆台。

(1)单击图 8.7 所示的"创建"选项卡,依次点击"形状"面板→"融合"选项,激活"修改丨创建融合底部边界"选项卡(图 8.10)。

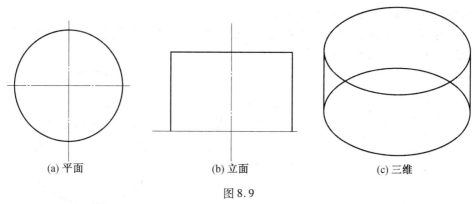

(a) 平面　　　　　　　　(b) 立面　　　　　　　　(c) 三维

图 8.9

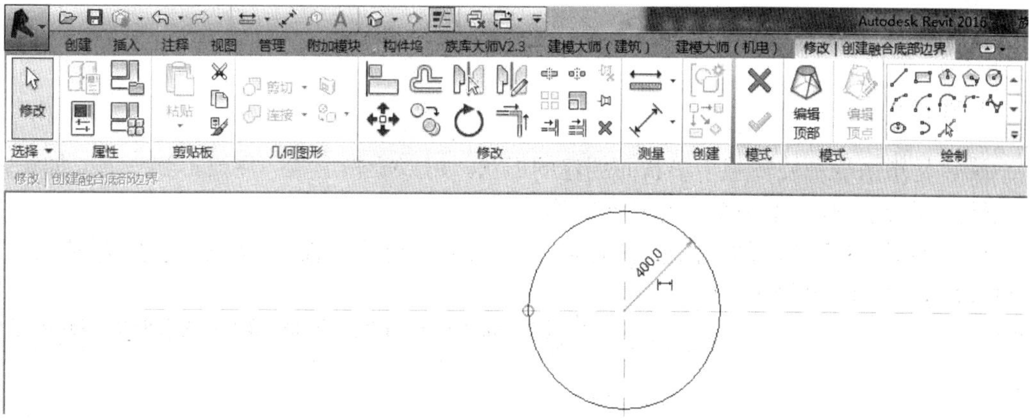

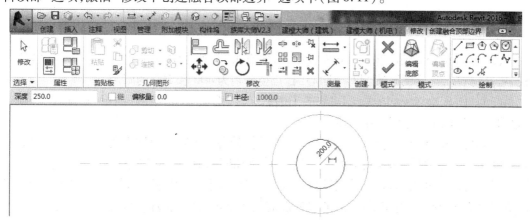

图 8.10

（2）如图 8.10 所示，依次点击"修改 | 创建融合底部边界"选项卡→"绘制"面板→"圆"选项，在绘图区绘制一直径 400 的圆。

（3）如图 8.10 所示，依次点击"修改 | 创建融合底部边界"选项卡→"模式"面板→"编辑顶部"选项，激活"修改 | 创建融合顶部边界"选项卡（图 8.11）。

图 8.11

（4）如图 8.11 所示，依次点击"修改 | 创建融合顶部边界"选项卡→"绘制"面板→

"圆"选项,在绘图区绘制一直径 200 的圆。

(5)如图 8.11 所示,依次点击"修改 | 创建拉伸"选项卡→"模式"面板→"确定"选项,完成绘制。融合模型如图 8.12 所示。

图 8.12

**3. 旋转**

旋转是指围绕轴旋转某个形状而创建的形状。可以旋转形状一周或不到一周。如果轴与旋转造型接触,则产生一个实心几何图形。

(1)单击图 8.7 所示的"创建"选项卡,依次点击"形状"面板→"旋转"选项,激活"修改 | 创建旋转"选项卡(图 8.13)。

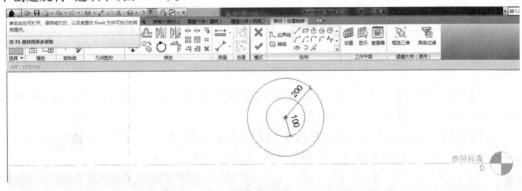

图 8.13

(2)如图 8.13 所示,进入前立面视图,依次点击"修改 | 创建旋转"选项卡→"绘制"面板→"圆"选项,在绘图区绘制两个同心的、直径分别为 400 和 200 的圆。

(3)如图 8.14 所示,依次点击"修改 | 创建旋转"选项卡→"绘制"面板→"轴线"选项→"拾取线",拾取垂直轴线(图 8.15)。

(4)如图 8.14 所示,依次点击"修改 | 创建拉伸"选项卡→"模式"面板→"确定"选项,完成绘制。旋转模型立面图、平面图、三维图分别如图 8.16、图 8.17、图 8.18 所示。

(5)如图 8.19 所示,选中旋转体圆环,将"属性"面板→"限制条件"分区→"结束角度"选项改为 270.000°。由图示可知,通过修改起始角度可改变旋转体形状。

图 8.14

图 8.15

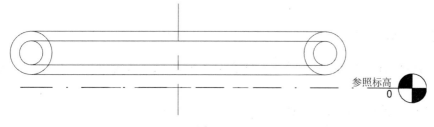

图 8.16

图 8.17

图 8.18

 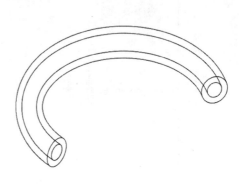

图 8.19

## 8.2　参数化设计

### 8.2.1　族类型

一个族可以有多个类型,每个类型可以有不同的尺寸形状和属性值,并且可以分别调用。

(1)如图 8.20 所示,单击"创建"选项卡→"属性"面板→"族类型"选项,弹出"族类型"面板(图 8.21)。

图 8.20

(2)如图 8.21 所示,在"族类型"面板的"族类型"分区,点击"新建(N)…"按钮,弹出"名称"对话框(图 8.22)。

(3)如图 8.23 所示,在"名称(N)"对话框输入"100×200×300",点击"确定"按钮,返回

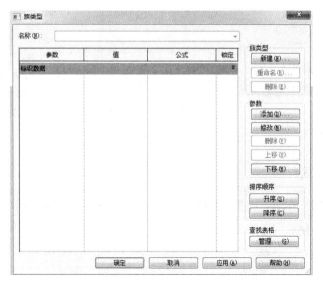

图 8.21

图 8.22

"族类型"面板(图 8.24)。

图 8.23

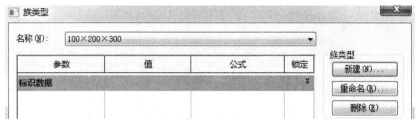

图 8.24

(4)重复以上步骤(2)(3)建立"200×300×400"族类型(图 8.25)。

注:在"族类型"面板右上方的"族类型"分区中,点击"新建(N)…""重命名(R)…"
"删除(E)"按钮,可完成族类型的新建、重命名和删除操作。

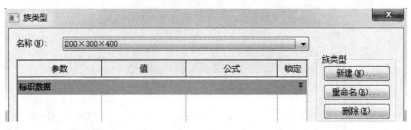

图 8.25

### 8.2.2 族参数

（1）如图 8.21 所示，在"族类型"面板，点击"参数"分区的"添加(D)…"按钮，弹出"参数属性"面板（图 8.26）。

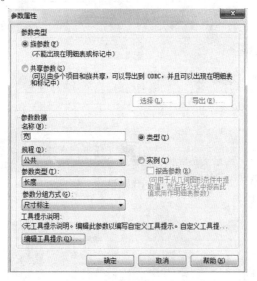

图 8.26

（2）如图 8.26 所示，在"参数属性"面板→"参数数据"分区→"名称(N)"文本框，输入"宽"，点击"确定"按钮，返回"族类型"面板（图 8.27）。

（3）重复步骤(2)，为族添加"长""高"属性（图 8.28）。

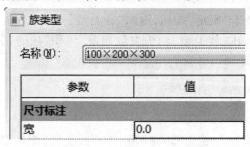

图 8.27

（4）如图 8.29 所示，在"族类型"面板"名称(N)"下拉列表框，选择"100×200×300"项，

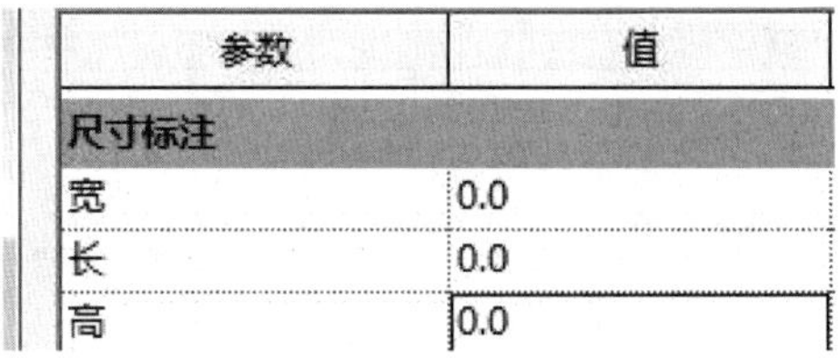

| 参数 | 值 |
|---|---|
| **尺寸标注** | |
| 宽 | 0.0 |
| 长 | 0.0 |
| 高 | 0.0 |

图 8.28

在参数列表的"值"列,为"宽""长""高"属性分别输入数值100.0、200.0、300.0。

图 8.29

(5)如图 8.30 所示,在"族类型"面板"名称"下拉列表框,选择"200×300×400"项,在参数列表的"值"列,为"宽""长""高"属性分别输入数值 200.0、300.0、400.0。

图 8.30

(6)如图 8.31 所示,新建"体积"参数,在"参数属性"面板→"参数数据"分区→"名称(N)"文本框,输入"体积";在"参数属性"面板→"参数数据"分区→"参数类型(T)"下拉列表框,选择"体积"项。点击"确定"按钮,返回"族类型"面板。

(7)如图 8.32 所示,在"族类型"面板参数列表"体积"项的"公式"列,输入"宽 * 长 * 高"。

### 8.2.3 为尺寸关联参数

(1)如图 8.33 所示,创建拉伸,在平面视图绘制矩形。

(2)如图 8.34 所示,为矩形进行长宽标注。

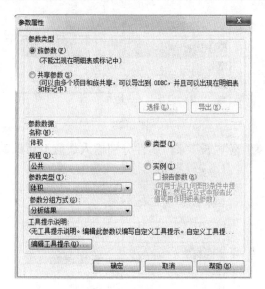

图 8.31

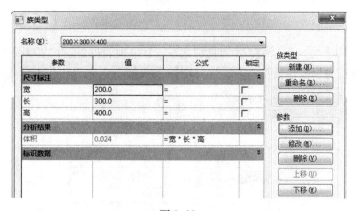

图 8.32

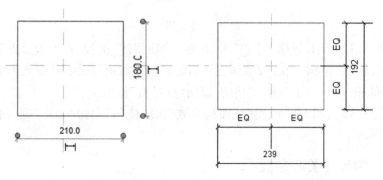

图 8.33　　　　　　　　　　图 8.34

（3）如图 8.35 所示，选择长度尺寸 239，在"尺寸标注"选项栏区"标签"下拉列表框选择"长=300"项，设置结果如图 8.36 所示。

（4）如图 8.37，按步骤（3）设置尺寸与"宽"属性链接。

（5）"修改｜创建拉伸"选项卡→"模式"面板→"确定"选项，完成绘制。

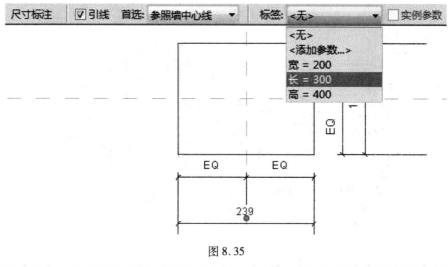

图 8.35

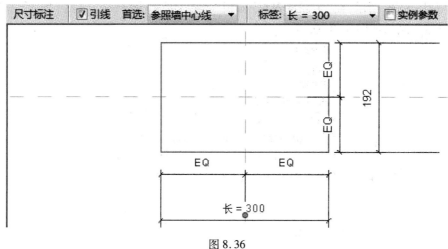

图 8.36

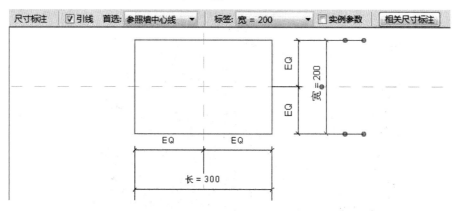

图 8.37

（6）如图8.38所示,在三维视图选择模型,在"属性"面板→"限制条件"→"拉伸终点"项,点击最右侧"关联族参数"按钮,弹出"关联族参数"面板(图8.39)。

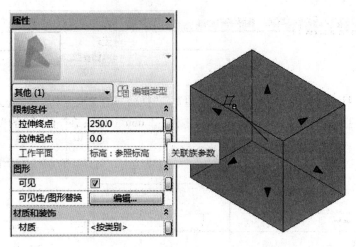

图 8.38

（7）如图 8.39 所示，在"关联族参数"面板"族参数"列表框，选择"高"项，点击"确定"按钮。修改后结果如图 8.40 所示。

图 8.39

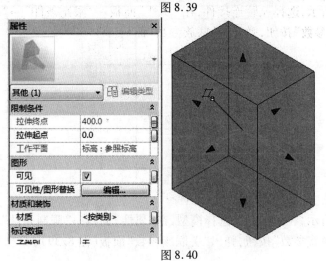

图 8.40

## 8.2.4　创建连接件

### 1. 风管连接

（1）如图8.41所示，添加"风道高""风道宽""直径"；在"风道高"的"公式"列输入"宽－2 mm ＊ 20"；在"风道宽"的"公式"列输入"长－2 mm ＊ 20"；在"直径"的"公式"列输入"宽/2"。

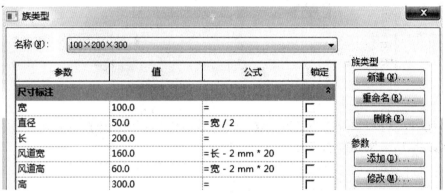

图 8.41

（2）如图8.42所示，进入三维视图，单击"创建"选项卡→"连接件"面板→"风管连接件"选项。

图 8.42

（3）选择长方体上部，将风管连接件附着在长方体上部。

（4）如图8.43所示，选择风管连接件，在"属性"面板→"限制条件"→"拉伸终点"项，点击最右侧"关联族参数"按钮，弹出"关联族参数"面板（图8.44）。

图 8.43

（5）如图 8.44 所示，在"关联族参数"面板"族参数"列表框，选择"风道高"项，点击"确定"按钮。修改后结果如图 8.45 所示。

图 8.44

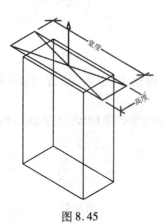

图 8.45

（6）如图 8.46 所示，重复步骤（4）（5），将接口"宽度"与参数"风道宽"关联。修改后结果如图 8.47 所示。

图 8.46

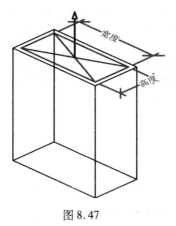

图 8.47

### 2. 管道连接件

（1）如图 8.42 所示，进入三维视图，单击"创建"选项卡→"连接件"面板→"管道连接件"选项。

（2）如图 8.48 所示，选择长方体，将管道连接件附着在长方体侧部。

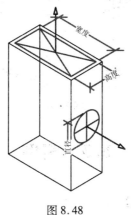

图 8.48

（3）如图 8.48 所示，在"属性"面板修改相应属性，并将"尺寸标注"分区的"直径"属性与"直径"参数关联。

## 8.2.5 族类型文件

（1）单击"应用程序菜单"选项卡→"导出"面板→"族类型"选项，弹出"导出为"对话框（图 8.49）。

（2）如图 8.49 所示，在"导出为"对话框中，保存文件，并使文件名与族文件名相同，均为"第二节参数化"。

（3）如图 8.50 所示，在项目中插入族文件时，弹出"指定类型"面板，选择所需型号，完成多个族类型的插入。

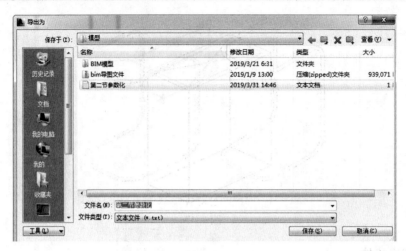

图 8.49

图 8.50

# 8.3 实例

## 8.3.1 异形三维放样模型

**1. 模型介绍**

在本实例中,我们将创建如图 8.51 所示的空间结构。

**2. 创建方法**

(1)创建如图 8.52 所示的拉伸模型。

(2)创建如图 8.53 所示的空心拉伸模型。

(3)如图 8.54 所示,选择模型边界为放样路径,建立放样模型。

(4)删除拉伸模型,即为图 8.51 所示内容。

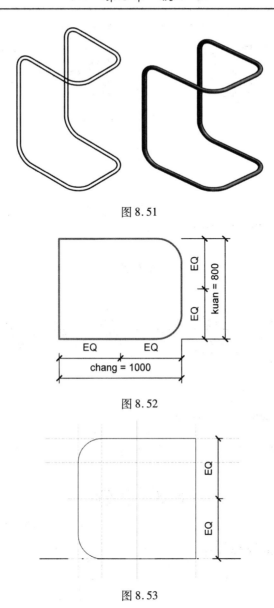

图 8.51

图 8.52

图 8.53

## 8.3.2 内切圆正多边棱柱族

**1. 族功能介绍**

如图 8.55 所示,通过更改族参数"内切圆直径""高度""个数",控制正多边棱柱族的大小、高度、边数。

**2. 建族思路**

(1)如图 8.56 所示,建立三棱柱族,水平截面为等腰三角形,顶点锁定在原点。新建参数底边长"L"、底边距原点距离"h"。

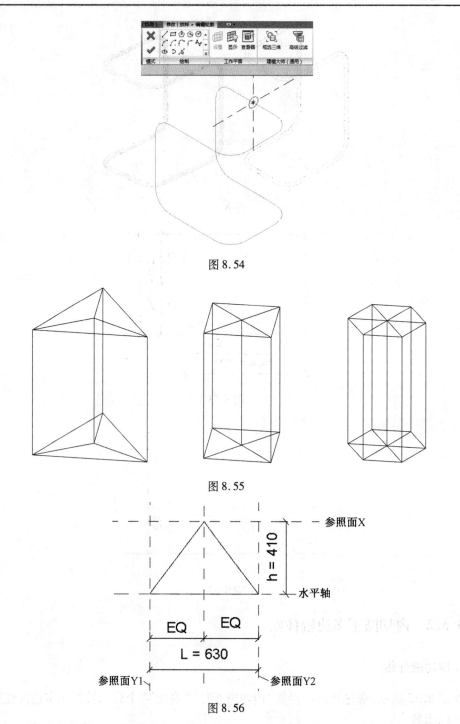

图 8.54

图 8.55

图 8.56

（2）建立正棱柱族，新建参数多边形边数"n"、内切圆半径"R"、边长"L"，并建立如下关系：

$$L = 2R\tan(\text{Ang}) \text{ 其中 } \text{Ang} = 180°/n$$

（3）在正棱柱族内，插入三棱柱族，并关联两个族的参数：

三棱柱族底边长"L"=正棱柱族边长"L"

三棱柱族底边距原点距离"h"=内切圆半径"R"

(4)对插入三棱柱族进行环形阵列,设置阵列数等于多边形边数"n"。

### 3. 建立三棱柱族

(1)如图 8.57 所示,添加族参数"h""L""H"。

图 8.57

(2)如图 8.56 所示,绘制水平参照面 X,参照面 X 与水平轴的距离为 h。

(3)如图 8.56 所示,绘制垂直参照面 Y1 和 Y2,Y1 与 Y2 的距离为 L。

(4)如图 8.56 所示,绘制三角形,将各边分别与对应参照面锁定。

### 4. 建立正棱柱族

(1)如图 8.58 所示,在"族类型"面板添加族参数。

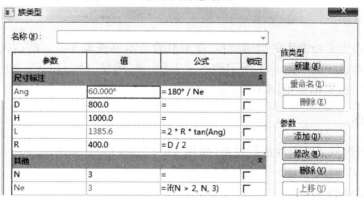

图 8.58

(2)如图 8.59 所示,插入三棱柱族,并将三棱柱族参数与相应正棱柱族参数关联。

(3)如图 8.60 所示,点选插入三棱柱族,对其进行环形阵列,圆心为原点,并将阵列数与正多边形边数关联。

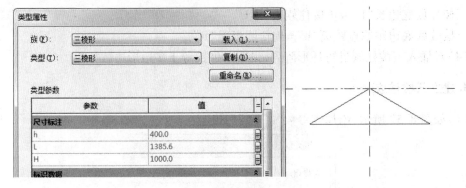

图 8.59

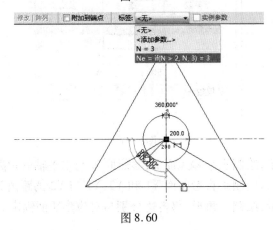

图 8.60

### 8.3.3　槽钢族

**1.族功能介绍**

槽钢是设备专业经常用的型钢材料,详细参数见本书资源 8-1。槽钢族不仅建立了槽钢的形状模型而且在族中附着了槽钢的各项参数,如:质量、截面积、惯性矩等(图 8.61)。载入项目效果如图 8.62 和图 8.63 所示。

**2.建族思路**

(1)建立槽钢截面各点的函数关系(坐标 X1,Y2 等如图 8.64 所示)。

$X2 = b - r1 + r1 * \sin(Ang)$

$Y2 = t - (X2 - bd) * 0.1$

$X1 = b; Y1 = Y2 - r1 * \cos(Ang)$

$X3 = d + r - r * \sin(Ang)$

$Y3 = t + (bd - X3) * 0.1$

$X4 = d; Y4 = Y3 + r * \cos(Ang)$

其中 $Ang = \arctan(0.1) = 5.711°$

$bd = (b + d)/2$

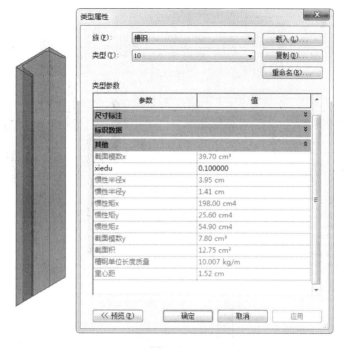

图 8.61

图 8.62

（2）根据 GB 706—2008（见本书资源 8-1）的表 A.2 建立槽钢族数据的 csv 文件。列头名称如下：

第一列列头名称空缺，内容为槽钢型号如 5、12.6、16a 等，列头名称见表 8.1 和表 8.2。

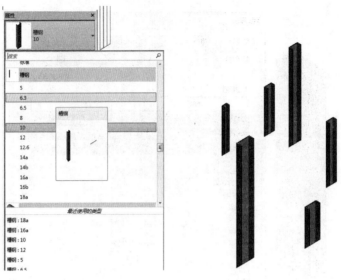

图 8.63

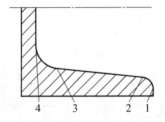

图 8.64

表 8.1    csv 文件列头名称说明

| 序号 | 列头名称 | 内容 | 规程 | 参数类型 | 单位 |
|---|---|---|---|---|---|
| 1 | hb##Length##millimeters | hb 关键字 | 公共 | 长度 | mm |
| 2 | h##Length##millimeters | h | 公共 | 长度 | mm |
| 3 | b##Length##millimeters | b | 公共 | 长度 | mm |
| 4 | d##Length##millimeters | d | 公共 | 长度 | mm |
| 5 | t##Length##millimeters | t | 公共 | 长度 | mm |
| 6 | r##Length##millimeters | r | 公共 | 长度 | mm |
| 7 | r1##Length##millimeters | r1 | 公共 | 长度 | mm |
| 8 | 槽钢质量##MASS_PER_UNIT_LENGTH ##KILOGRAMS_MASS_PER_METER | 槽钢质量 | 管道 | 质量单位长度 | kg/m |
| 9 | 截面积##SECTION_AREA## SQUARE_CENTIMETERS | 截面积 | 结构 | 截面面积 | $cm^2$ |
| 10 | 惯性矩 x##MOMENT_OF_INERTIA## CENTIMETERS_TO_THE_FOURTH_POWER | 惯性矩 x | 结构 | 惯性矩 | $cm^4$ |

续表8.1

| 序号 | 列头名称 | 内容 | 规程 | 参数类型 | 单位 |
|---|---|---|---|---|---|
| 11 | 惯性矩 y##MOMENT_OF_INERTIA## CENTIMETERS_TO_THE_FOURTH_POWER | 惯性矩 y | 结构 | 惯性矩 | cm$^4$ |
| 12 | 惯性矩 z##MOMENT_OF_INERTIA## CENTIMETERS_TO_THE_FOURTH_POWER | 惯性矩 z | 结构 | 惯性矩 | cm$^4$ |
| 13 | 惯性半径 x##DISPLACEMENT/ DEFLECTION##CENTIMETERS | 惯性半径 x | 结构 | 截面尺寸 | cm |
| 14 | 惯性半径##DISPLACEMENT/ DEFLECTION##CENTIMETERS | 惯性半径 y | 结构 | 截面尺寸 | cm |
| 15 | 截面模数 x##MOMENT_OF_INERTIA## CENTIMETERS_TO_THE_FOURTH_POWER | 截面模数 x | 结构 | 截面模量 | cm$^3$ |
| 16 | 截面模数 y##MOMENT_OF_INERTIA## CENTIMETERS_TO_THE_FOURTH_POWER | 截面模数 y | 结构 | 截面模量 | cm$^3$ |
| 17 | 重心距##DISPLACEMENT/ DEFLECTION##CENTIMETERS | 重心距 | 结构 | 截面尺寸 | cm |

（3）在"槽钢. rfa"文件的相同目录下建立"槽钢. txt"，文件列头名称如下：

第一列列头名称空缺，内容为槽钢型号如 5、12.6、16a 等。

表8.2　txt 文件列头名称说明

| 序号 | 列头名称 | 内容 | 规程 | 参数类型 | 单位 |
|---|---|---|---|---|---|
| 1 | h##Length##millimeters | h | 公共 | 长度 | mm |
| 2 | b##Length##millimeters | b | 公共 | 长度 | mm |
| 3 | d##Length##millimeters | d | 公共 | 长度 | mm |
| 4 | t##Length##millimeters | t | 公共 | 长度 | mm |
| 5 | r##Length##millimeters | r | 公共 | 长度 | mm |
| 6 | r1##Length##millimeters | r1 | 公共 | 长度 | mm |
| 7 | hb##Length##millimeters | hb 关键字 | 公共 | 长度 | mm |

（4）添加族参数。

（5）绘制参照平面，标注参照平面尺寸，并将族参数与标注尺寸关联。

（6）采用拉伸方法完成槽钢模型绘制。

# 第9章 Navisworks 初步

## 9.1 Navisworks 快速入门

### 9.1.1 界面简介

如图 9.1 所示,Autodesk Navisworks 的界面主要分为 8 个功能区域:①应用程序按钮和菜单;②快速访问工具栏;③信息中心;④功能区;⑤场景视图;⑥导航栏;⑦可固定窗口;⑧状态栏。

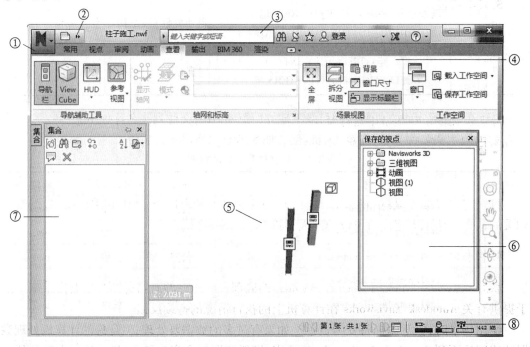

图 9.1

**1. 应用程序按钮和菜单**

应用程序按钮和菜单可满足常用的文件操作基本功能,还可以使用更高级的应用工具("导入""导出"和"发布")来管理文件。

**2. 快速访问工具栏**

快速访问工具栏位于应用程序窗口的顶部,其中显示常用命令,可以向快速访问工具栏添加数量不受限制的按钮,新添加的按钮在默认命令的右侧。

**3. 信息中心**

用户可以使用信息中心搜索信息;显示"Subscription Center"面板以访问 Subscription 服务;显示"通讯中心"面板以访问产品更新;显示"收藏夹"面板以访问保存的主题。若要以折叠状态显示"信息中心"框,请单击其左侧的箭头。

**4. 功能区**

功能区是显示基于任务的工具和控件的选项板。功能区被划分为多个选项卡,每个选项卡支持一种特定活动。在每个选项卡内,工具被组合到一起,成为一系列基于任务的面板。

**5. 场景视图**

启动 Navisworks 时,"场景规图"默认仅包含一个场景视图,但用户可以根据需要添加更多场景视图。自定义场景视图被命名为"视图 $X$",其中"$X$"表示下一个可用编号。

**6. 导航栏**

导航栏提供了在模型中进行交互式导航和定位相关的相关工具。可以根据需要显示的内容来自定义导航栏,还可以在"场景视图"中更改导航栏的固定位置。

**7. 可固定窗口**

可固定窗口按照提供功能类型共分为三种:主要工具窗口、与审阅相关的窗口、与视点相关的窗口。从可固定窗口可以访问大多数 Navisworks 功能。

**8. 状态栏**

状态栏显示在 Autodesk Navisworks 屏幕的底部。状态栏的右角有四个性能指示器。用于提供有关 Autodesk Navisworks 在计算机上的执行情况的持续反馈。

绘制场景时,铅笔图标将变为黄色。如果有过多的数据要处理,但是您的计算机处理数据的速度达不到 Autodesk Navisworks 的要求,则铅笔图标会变为红色,指示运行出现瓶颈。

## 9.1.2　文件格式

Autodesk Navisworks 有三种原生文件格式:NWD、NWF 和 NWC。

**1. NWD 文件格式**

NWD 文件包含所有模型几何图形,以及特定于 Autodesk Navisworks 的数据,如审阅标记。可以将 NWD 文件看作是模型当前状态的快照。NWD 文件非常小,因为它们将 CAD 数据最大压缩为原始大小的 80%。

**2. NWF 文件格式**

NWF 文件包含指向原始原生文件(在"选择树"上列出),以及特定于 Autodesk Navisworks 的数据(如审阅标记)的链接。此文件格式不会保存任何模型几何图形,这使得 NWF 的大小要比 NWD 小很多。

**3. NWC 文件格式(缓存文件)**

默认情况下,在 Autodesk Navisworks 中打开或附加任何原生 CAD 文件或激光扫描文件时,将在原始文件所在的目录中创建一个与原始文件同名但文件扩展名为 .nwc 的缓存文件。

由于 NWC 文件比原始文件小,因此可以加快对常用文件的访问速度。下次在 Autodesk Navisworks 中打开或附加文件时,将从相应的缓存文件(如果该文件比原始文件新)中读取数据。如果缓存文件较旧(这意味着原始文件已更改),Autodesk Navisworks 将转换已更新文件,并为其创建一个新的缓存文件。

## 9.1.3　Revit 文件导出

Autodesk Navisworks 无法直接读取原生的 Revit 文件。使用 Revit 以 NWC 格式保存文件,这种格式的文件可以在 Autodesk Navisworks 中打开。从 Revit 中导出 NWC 文件的步骤如下:

(1)如图 9.2 所示,在 Revit 打开本书资源 9-1。

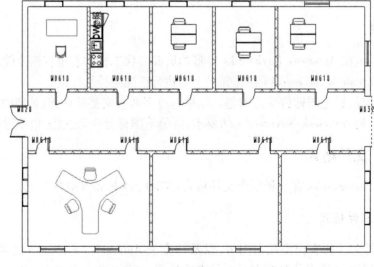

图 9.2

（2）如图9.3 所示，单击"应用程序菜单"选项卡→"导出"面板→"NWC"选项，弹出"导出场景为..."对话框（图9.4）。

图 9.3

（3）如图9.4，在"导出场景为…"对话框点击下方"Navisworks 设置..."按钮，弹出"Naviswork 选项编辑器"对话框（图9.5）。

（4）如图9.5，在"Naviswork 选项编辑器"对话框，"导出"下拉对话框，选择"整个项目"项，点击"确定(O)"按钮，返回"导出场景为..."对话框。

图 9.4

（5）如图9.4，在"导出场景为..."对话框中的"文件名"文本框输入"住宅"，点击"保存(S)"按钮，完成 NWC 文件保存。

### 9.1.4　Navisworks 文件导出

（1）打开 Navisworks。

（2）如图9.6 所示，单击"应用程序菜单"选项卡→"打开"面板→"打开"选项，弹出"打开"对话框，如图9.7 所示。

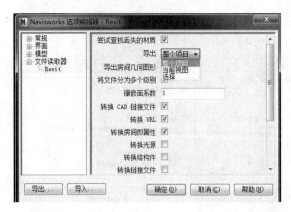

图 9.5

图 9.6

图 9.7

（3）在"打开"对话框，如图 9.7 所示，"文件类型"下拉列表框，选择"Navisworks 缓冲（ * . nwc）"项。

（4）在"打开"对话框，如图 9.7 所示，选择本书资源 9-2。

（5）在"打开"对话框，如图9.7所示，点击"确定"按钮，Navisworks 打开的场景文件见本书资源9-3。

（6）点击快速访问工具栏的"保存"按钮，弹出"另存为"对话框，如图9.8所示。

（7）在"另存为"对话框，如图9.8所示，"文件类型"下拉列表框，选择"Navisworks 文件集（∗.nwf）"项，点击"保存"按钮。

图9.8

# 9.2　审　　阅

## 9.2.1　测量

**1.距离测量**

（1）如图9.9所示，单击"审阅"选项卡→"测量"面板→"测量"下拉菜单→点击"点到点"选项。

（2）如图9.10所示，在图中选择两个门的端点，测量两门之间距离为3.318 m。

**2.面积测量**

（1）如图9.11所示，单击"审阅"选项卡→"测量"面板→"测量"下拉菜单→点击"区域"选项。

（2）如图9.12所示，在图中选择3~5个点，测量其形成区域的面积。

图 9.9

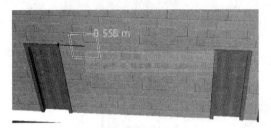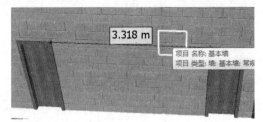

图 9.10

图 9.11

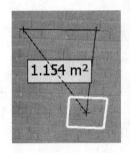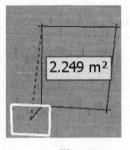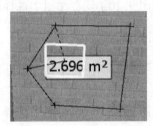

图 9.12

**3. 最短距离测量**

（1）如图 9.13 所示，单击"常用"选项卡→"选择和搜索"面板→"选择"下拉菜单→点击"选择"选项。

图 9.13

（2）如图 9.14 所示，选择两个门。

图 9.14

（3）如图 9.15 所示，单击"审阅"选项卡→"测量"面板→"最短距离"选项，则显示两个门之间的最短距离，如图 9.16 所示。

图 9.15

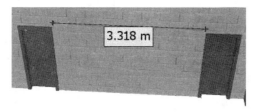

图 9.16

### 9.2.2 批注

**1.新建批注**

（1）在"审阅"选项卡→"红线批注"面板上，"颜色"下拉列表框选择黑色；"线宽"下拉列表框选择3。

（2）如图9.17所示，单击"审阅"选项卡→"红线批注"面板→"绘图"下拉菜单→点击"箭头"选项。

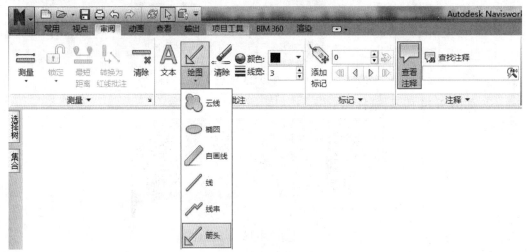

图9.17

（3）如图9.18所示，在门上画箭头。

图9.18

（4）单击"审阅"选项卡→"红线批注"面板→"文本"选项，弹出"输入红线批注文本"对话框（图9.19），在文本框输入"此门改为玻璃门"，点击"确定"按钮，结果如图9.20所示。

图9.19

图 9.20

**2. 删除批注**

如图 9.21 所示,单击"审阅"选项卡→"红线批注"面板→"清除"选项,框选图中文字和箭头,删除已有批注。

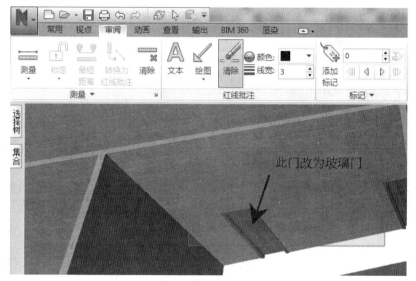

图 9.21

## 9.2.3　标记注释

**1. 新建标记注释**

如图 9.22 所示,依次点击"审阅"选项卡→"标记"面板上→"添加标记"选项,双击墙体,弹出"添加注释"对话框(图 9.23)。

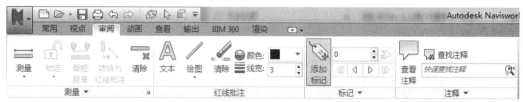

图 9.22

（2）如图9.23所示,在"添加注释"对话框的文本框内输入注释内容"此处门需改装";在"状态"下拉列表框,选择"活动"项,点击"确定"按钮。

图9.23

### 2. 查看标记注释

（1）打开本书资源9-4。

（2）如图9.24所示,在"审阅"选项卡→"注释"面板上→"查看注释"选项,弹出"注释"面板。

图9.24

（3）如图9.25所示,在"审阅"选项卡→"标记"面板上,点击移动标记按钮如："第一个标记""上一个标记""下一个标记""最后一个标记""转至标记"按钮,显示标记批注的视图。

（4）如图9.26所示,当在"审阅"选项卡→"标记"面板上,当前标记号移到"1"时,视图区,显示标记"1"的批注视图,"注释"对话框显示标记"1"的注释。

（5）如图9.27所示,当在"审阅"选项卡→"标记"面板上,当前标记号移到"2"时,视图区,显示标记"2"的批注视图,"注释"对话框显示标记"2"的注释。

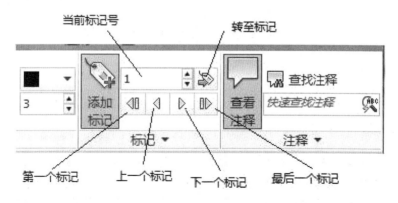

图 9.25

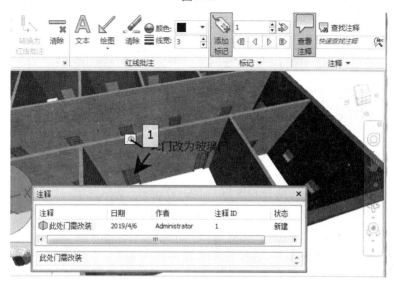

图 9.26

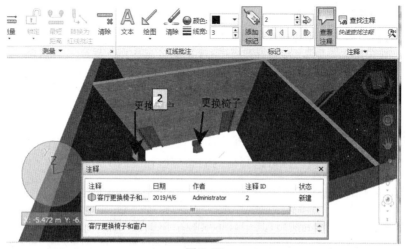

图 9.27

# 9.3 检查模型

## 9.3.1 选择对象

### 1.选择工具

如图 9.28 所示,"常用"选项卡的"选择和搜索"面板中提供两个选择工具("选择"和"选择框"),可用于控制选择几何图形的方式。

图 9.28

(1)使用"选择"工具选择几何图形的步骤。

①单击"常用"选项卡→"选择和搜索"面板→"选择"下拉菜单→"选择"。

②单击"场景视图"中的任意项目,项目变蓝,表示区选中。

③要选择多个几何图形,请按住 Ctrl 键并单击场景中要选择项目。

④要从当前选择中删除项目,请按住 Ctrl 键并再次单击它们"或者"按 Delete 键从当前选择中删除所选项目。

提示:按住空格键可将选择工具切换为"选择框"工具。松开空格键后,选择工具将回到"选择"工具,同时保留已经做出的所有选择。

(2)使用"选择框"工具选择几何图形的步骤。

①单击"常用"选项卡→"选择和搜索"面板→"选择"下拉菜单→"框选"。

②使用鼠标左键在"场景视图"左上方向左下方拖出一个框即可选择该框内的完整项目。

③要选择多个几何图形,请按住 Ctrl 键并在场景中拖动框。

④要从当前选择集中删除项目,请按 Delete 键。

提示:按住 Shift 键并拖动框可选择框内的和与框相交的所有项目。

### 2.选择树

"选择树"是一个可固定窗口,其中显示模型结构的各种层次视图。如图 9.29 所示,点击"常用"选项卡→"选择和搜索"面板→"选择树"菜单,弹出选择树面板,如图 9.30 所示。

如图 9.30 ~图 9.32 所示默认情况下,下拉列表框中提供三个选项:

图 9.29

（1）标准：显示默认的树层次结构（包含所有实例）。层次可以按字母顺序进行排序，如图 3.30 所示。

（2）紧凑："标准"选项可显示层次的简化版本，省略各种项目。可以在"选项编辑器"中自定义此树的复杂程度，如图 9.31 所示。

（3）特性：显示基于项目特性的层次结构。这使您可以按项目特性轻松地手动搜索模型，如图 9.32 所示。

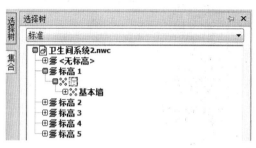

图 9.30

图 9.31

【实例】

①打开本书资源 9-5。

②如图 9.29 所示，"常用"选项卡→"选择和搜索"面板→"选择树"菜单，弹出"选择树"面板，如图 9.30 所示。

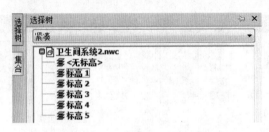

图 9.32

③如图 9.33 所示,在"选择树"面板的下拉列表框,选择"特性"选项。

④如图 9.34 所示,在 treelist 对话框内,点开"项目"→"名称",按住"Ctrl"键选中"小便斗 3D""PE63""PVC-U"3 个设备。

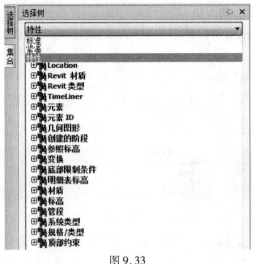

图 9.33

图 9.34

**3. 选择精度**

如图 9.35 所示,单击"常用"选项卡→"选择和搜索"面板→"选择和搜索"下拉菜单,选择选取精度(图 9.36),精度等级说明见表 9.1。

图 9.35

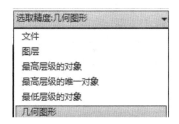

图 9.36

表 9.1 选取精度

| 项目 | 解释 |
| --- | --- |
| 文件 | 使对象路径始于文件级别;因此,将选中处于当前文件级别的所有对象。 |
| 图层 | 对象路径始于图层节点;因此,将选择图层内的所有对象。 |
| 最高层级的对象 | 对象路径始于图层节点下的最高级别对象。 |
| 最低层级的对象 | 对象路径始于"选择树"中的最低级别对象。Autodesk Navisworks 首先查找复合对象,如果没有找到,则会改为使用几何图形级别。这是默认选项。 |
| 最高层级的唯一对象 | 对象路径始于"选择树"中地第一个唯一级别对象(非多实例化)。<br>几何图形。对象路径始于"选择树"中的几何图形级别。 |

## 9.3.2 查找对象

**1. 打开/关闭"查找项目"窗口的步骤**

如图 9.37 所示,单击"常用"选项卡→"选择和搜索"面板→"查找项目",弹出"查找项目"对话框(图 9.38)。

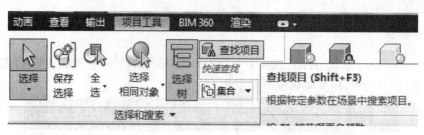

图 9.37

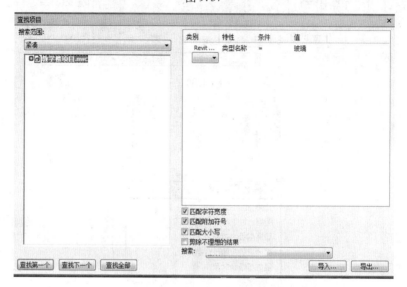

图 9.38

## 2."查找项目"窗口

"查找项目"窗口是一个可固定窗口,通过它可以搜索具有公共特性或特性组合的项目。

(1)打开本书资源9-4。

(2)如图9.39所示,在"查找项目"对话框右侧列表输入图中搜索条件。点击"查找全部"按钮,项中的所有管道均被选中。

图 9.39

(3)如图9.40所示,在"查找项目"对话框右侧列表输入搜索条件。点击"查找全部"按钮,项中的所有供水管道均被选中。

(4)如图9.41所示,在"查找项目"对话框右侧列表输入搜索条件。点击"查找全部"按钮,项中的所有三层供水管道均被选中。

| 类别 | 特性 | 条件 | 值 |
|------|------|------|------|
| 元素 | 族 | = | 管道类型 |
| 元素 | 系统分类 | = | 循环供水 |

图 9.40

| 类别 | 特性 | 条件 | 值 |
|------|------|------|------|
| 元素 | 族 | = | 管道类型 |
| 元素 | 系统分类 | = | 循环供水 |
| 项目 | 层 | = | 标高 4 |

图 9.41

### 3. 导入导出搜索

（1）导出当前搜索的步骤。

①如图 9.38 所示,在"查找项目"对话框,单击"导出…"按钮,弹出"导出…"对话框,如图 9.42 所示。

②如图 9.42 所示,在"导出"对话框中,浏览到所需的文件夹,输入文件的名称"搜索三层给水"。

③然后单击"保存"按钮。

图 9.42

（2）导入已保存项目的搜索的步骤。

①关闭当前文件,重新打开。

②如图 9.37 所示,单击"常用"选项卡→"选择和搜索"对话框→"查找项目",弹出"查找项目"面板(图 9.38)。在"查找项目"对话框右侧列表没有搜索条件。

③如图 9.38 所示,在"查找项目"对话框,单击"导入…"按钮,弹出"导入…"对话框(图 9.43)。

④如图 9.43 所示,在"导入..."对话框中,选择"搜索三层给水"。

⑤然后单击"打开(O)"按钮。导入结果如图 9.43 所示。

⑥如图 9.39 所示,在"查找项目"面板,点击"查找全部"按钮,则所有三层供水管子均被选中。

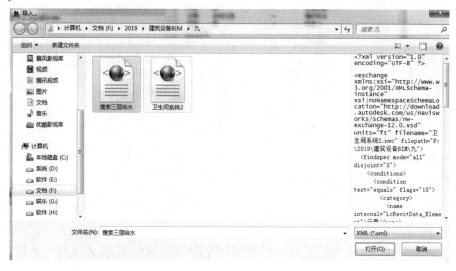

图 9.43

### 9.3.3 创建和使用对象集

在 Autodesk Navisworks 中,可以创建并使用类似对象集,这样可以更轻松地查看和分析模型。

(1)打开本书资源 9-5,如图 9.44 所示,单击"常用"选项卡→"选择和搜索"面板→"集合"下拉列表→"管理集...",弹出"集合"面板。

图 9.44

(2)在场景视图区选择三层三个小便斗,如图 9.45 所示,在"集合"对话框,点击"保存选择",创建选择集(图 9.46)。

(3)如图 9.47 所示,在"集合"面板列表框选择"选择集",点击右键,在关联菜单点击"重命名 F2"项,修改"选择集"名称为"三层小便斗"(图 9.48)。

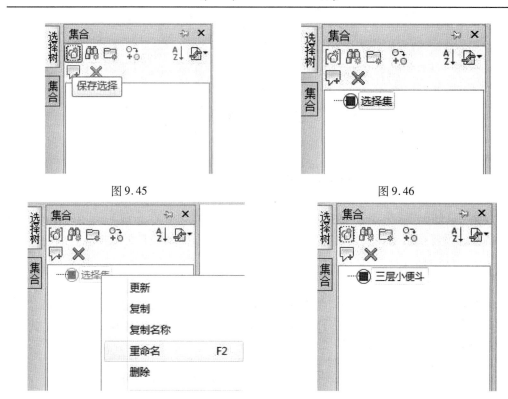

图 9.45　　　　　　　　　　　　　　　　　图 9.46

图 9.47　　　　　　　　　　　　　　　　　图 9.48

（4）在场景视图区选择四层三个小便斗,如图 9.46 所示,在"集合"面板,点击"保存选择",创建选择集,并改名为"四层小便斗",如图 9.49 所示。

（5）如图 9.49 所示,在"集合"对话框列表选择"三层小便斗"选择集,场景视图区则显示"三层小便斗"被选中。在"集合"对话框列表中选择"四层小便斗"选择集,场景视图区则显示"四层小便斗"被选中。

图 9.49

# 第 10 章　动画与施工模拟

## 10.1　视点和剖分

视点是 Autodesk Navisworks 的一项重要功能,使用视点可保存和重新调用与模型的视图相关的不同设置及用于导航的设置,还可以选择保存视点内的项目可见性和外观替代。

### 10.1.1　视点

(1)打开本书资源 10-1,将项目视图切换为前视图。如图 10.1 所示,单击"视点"选项卡→"保存、载入和回放"面板→"保存视点"下拉列表→"保存视点"。在"保存的视点"对话框列表中增加了"视图"项(图 10.2)。

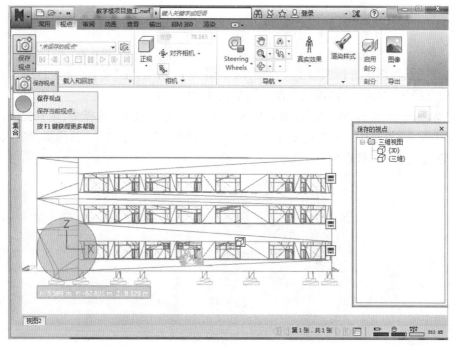

图 10.1

(2)如图 10.3 所示,在"保存的视点"面板列表框内,将"视图"修改为"前视图"。

(3)如图 10.4、图 10.5 所示,重复步骤(1)(2),创建"右视图""后视图"。

(4)在"保存的视点"面板列表框内,依次点击"前视图""右视图""后视图",在场景视图区依次显示项目的"前视图""右视图""后视图"。

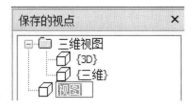

图 10.2

图 10.3

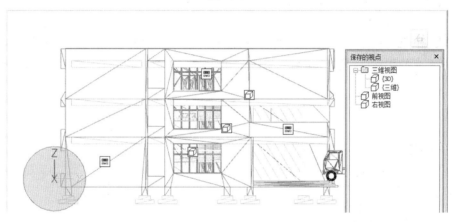

图 10.4

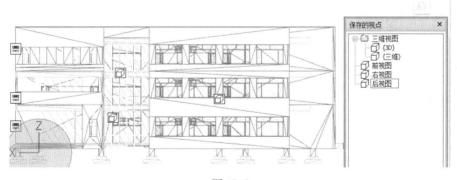

图 10.5

## 10.1.2　视点动画

（1）（接 10.1.1）如图 10.6 所示，在"保存的视点"面板列表框内，点击右键，弹出关联菜单。在关联菜单中，选择"添加动画（D）"选项。

（2）如图 10.7 所示，在"保存的视点"面板列表框内，增加了"动画选项"，并将名称改为

"视点动画"。

图 10.6　　　　　　　　　　　　　　　　　图 10.7

（3）如图 10.8 所示，在"保存的视点"面板列表框内，将"前视图""右视图""后视图"选中，移入"视点动画"下。

（4）如图 10.9 所示，在"保存的视点"对话框列表中，选中"视点动画"，点击右键，弹出关联菜单。在关联菜单，选择"编辑"选项，弹出"编辑动画：视点动画"对话框，如图 10.9 所示。

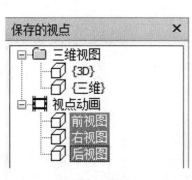

图 10.8　　　　　　　　　　　　　　　　　图 10.9

（5）如图 10.9 所示，在"编辑动画：视点动画"对话框，输入"10.0"。

图 10.10

（6）如图 10.11 所示，单击"视点"选项卡→"保存、载入和回放"面板→在下拉列表框选择"视点动画"→"播放动画"按钮，播放选中的视点动画。

图 10.11

### 10.1.3　剖分

（1）单击"视点"选项卡→"剖分"面板→"启用剖分"，激活"剖分工具"选项卡，如图 10.12 所示。

图 10.12

（2）如图 10.13 所示，单击"剖分工具"选项卡→"模式"面板→"长方体"选项，启动"长方体"剖分工具。

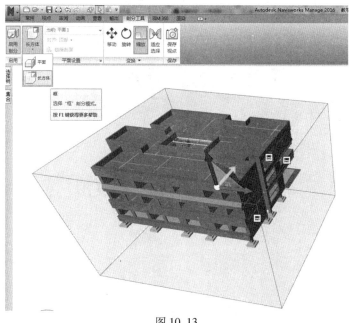

图 10.13

（3）如图 10.14 所示，单击"剖分工具"选项卡→"变换"面板→"移动"选项。

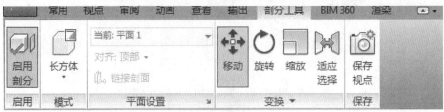

图 10.14

（4）选中高度坐标，向下移动，剖分结果如图 10.15 所示。

（5）选中横向坐标，向左移动，剖分结果如图 10.16 所示。

（6）选中纵向坐标，向后移动，剖分结果如图 10.17 所示。

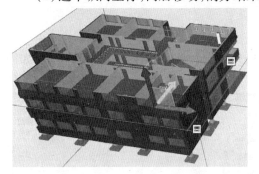

图 10.15 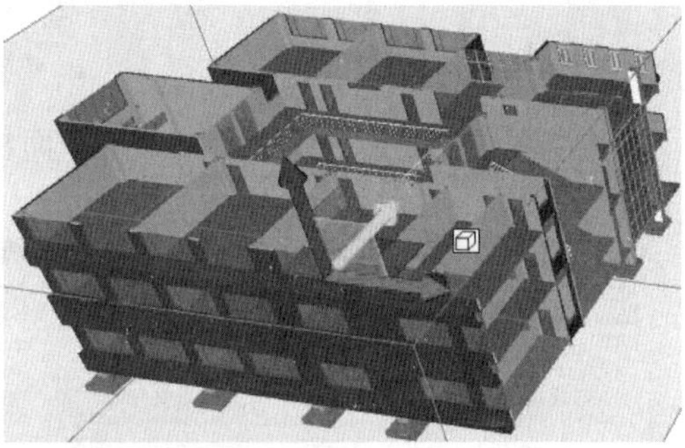　　　　　　　　　　　　　图 10.16

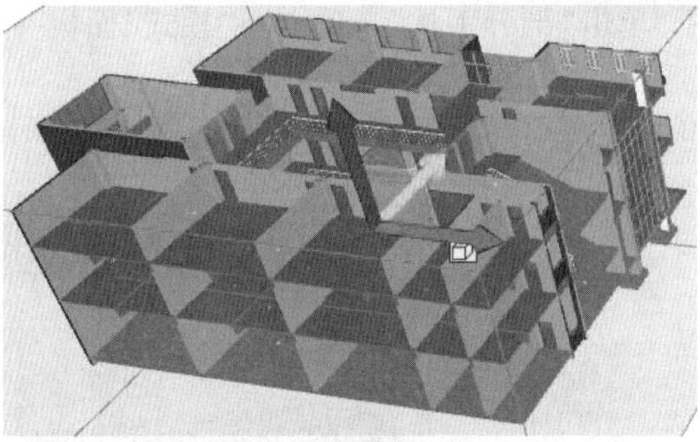

图 10.17

# 10.2　动画与施工模拟

## 10.2.1　动画

**1. Animator 概述**

使用"Animator"窗口可在模型中创建动画对象。

如图 10.18 所示，点击"动画"选项卡→"创建"面板→"Animator"选项，弹出"Animator"

对话框（图 10.19）。

如图 10.19 所示，"Animator"面板分四部分：工具栏、树视图、时间轴视图、手动输入栏。

图 10.18

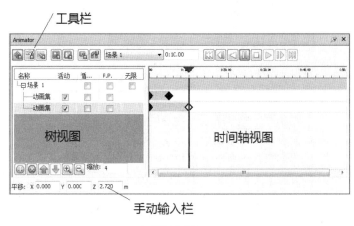

图 10.19

## 2. 移动动画

（1）如图 10.20 所示，在树视图点击右键，弹出关联菜单。在关联菜单选择"添加场景（A）"，在树视图添加了场景 1（图 10.21）。

图 10.20　　　　　　　　　　　　　　　　　图 10.21

（2）选择场景视图区中的汽车，如图 10.22 所示，在树视图选择"场景 1"点击右键，弹出关联菜单。在关联菜单选择"添加动画集"→"从当前选择"，在"场景 1"下生成"动画集 1"。

（3）如图 10.23 所示，在"Animator"面板工具栏点击"捕捉关键帧"按钮。

（4）如图 10.24 所示，在"Animator"面板工具栏输入"0:05.00"，点击回车。

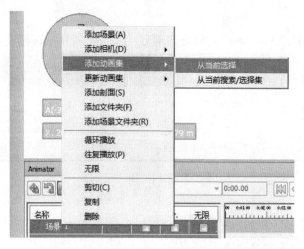

图 10.22

图 10.23

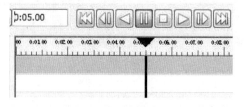

图 10.24

（5）如图 10.25 所示，在"Animator"面板工具栏点击"平移动画集"按钮。

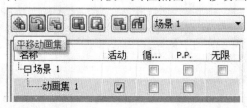

图 10.25

（6）选中水平轴，将汽车从如图 10.26 所示位置移到图 10.27 位置。

图 10.26

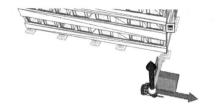

图 10.27

（7）如图 10.28 所示，在"Animator"面板工具栏点击"停止"按钮。

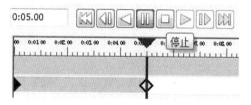

图 10.28

（8）如图 10.29 所示，在"Animator"面板工具栏点击"播放"按钮。播放汽车从图 10.28 所示位置移到图 10.29 位置的动画。

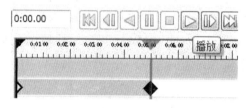

图 10.29

**3. 旋转动画**

（1）如图 10.30 所示，在"Animator"面板工具栏输入"0∶07.00"，点击回车。

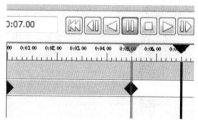

图 10.30

（2）如图 10.31 所示，在"Animator"面板工具栏点击"旋动动画集"按钮。

图 10.31

（3）选中水平面，将汽车从如图 10.32 所示位置移到图 10.33 所示位置。

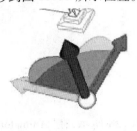

图 10.32                                         图 10.33

（4）如图 10.30 所示，在"Animator"面板工具栏点击"播放"按钮。播放汽车从图 10.32 所示位置移到图 10.33 所示位置的动画。

**4. 缩放动画**

（1）如图 10.34 所示，打开本书资源 10-2，选择场景视图区中的柱。

（2）如图 10.35 所示，在树视图生成"场景 1"，并在"场景 1"下生成"动画集 1"。

（3）如图 10.35 所示，在"Animator"面板工具栏点击"捕捉关键帧"按钮。

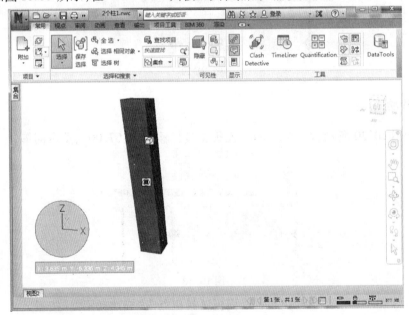

图 10.34

（4）如图 10.35 所示，在"Animator"面板时间轴区，选择 0 秒位置关键帧，编辑关键帧设置。

（5）如图 10.36 所示，在"编辑关键帧"面板，"缩放"项的"Z"文本框输入"0.01"，点；"居中"项的"Z"文本框输入"0"，点击"确定"按钮。

图 10.35

图 10.36

（6）如图 10.37 所示，在"Animator"面板工具栏输入"0:03.00"，点击回车，在"Animator"面板工具栏点击"捕捉关键帧"按钮。选择 3 秒位置关键帧，编辑关键帧设置。

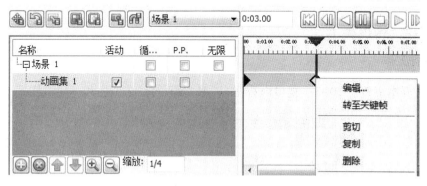

图 10.37

（7）如图 10.38 所示，在"编辑关键帧"面板，"缩放"项的"Z"文本框输入"1"，"居中"项的"Z"文本框输入"0.000"，单击"确定"按钮。

（8）如图 10.30 所示，在"Animator"面板工具栏点击"播放"按钮。播放柱子从图 10.39所示图形成长为图 10.40 所示图形的缩放动画。

图 10.38

图 10.39                                           图 10.40

## 10.2.2　模拟施工

### 1. 准备工作

(1) 打开本书资源 10-3。视口内有图 10.41 所示的一结构柱和一建筑柱。

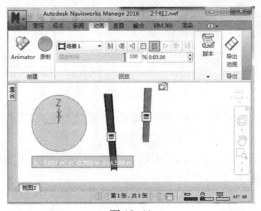

图 10.41

（2）如图 10.42 所示，分别为结构柱和建筑柱创建成长动画。

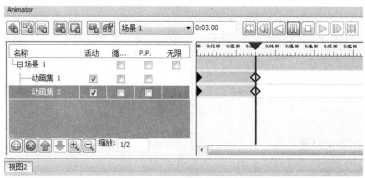

图 10.42

## 2. TimeLiner 工具

使用"TimeLiner"窗口可以进行施工模拟。

（1）如图 10.43 所示，点击"常用"选项卡→"工具"面板→"TimeLiner"选项，弹出"TimeLiner"面板（图 10.44）。

图 10.43

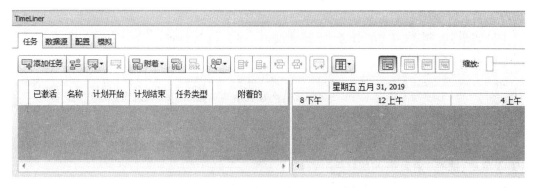

图 10.44

（2）如图 10.45 所示，点击"显示或隐藏甘特图"，隐藏甘特图。

图 10.45

（3）如图 10.46 所示，点击"列"上下文选项→"扩展"选项，显示"费用"和"动画"列。

图 10.46

### 3."任务"选项卡设置

（1）如图 10.47 所示，点击"添加任务"按钮，在任务列表框添加新任务.

图 10.47

（2）如图 10.48 所示，在"名称"栏将名称改为"结构柱施工"。

（3）如图 10.48 所示，将"计划开始"项设为"2019/4/1　14:57"；"计划结束"项设为"2019/4/2　14:57"。

（4）如图 10.48 所示，在"任务类型"项设为"构造"；"材料费"项设为"10,000"；"人工费"项设为"5,000.00"。

图 10.48

（5）在场景视图，选择结构柱。如图 10.49 所示，在任务列表"附着的"项点击右键，弹出关联菜单，选择"附着当前选择"。

（6）如图 10.48 所示，在"动画"项选择"场景 1\动画集 1"。

（7）如图 10.50 所示，点击"添加任务"按钮，在任务列表框添加新任务名称为"建筑柱施工"。

（8）按图 10.51 设置"建筑柱施工"各列。

### 4."配置"选项卡设置

点击"配置"选项，进入"配置"选项卡，按图 10.51 设置各项内容。

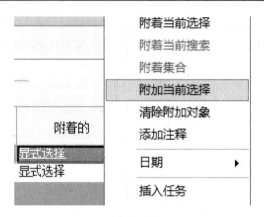

图 10.49

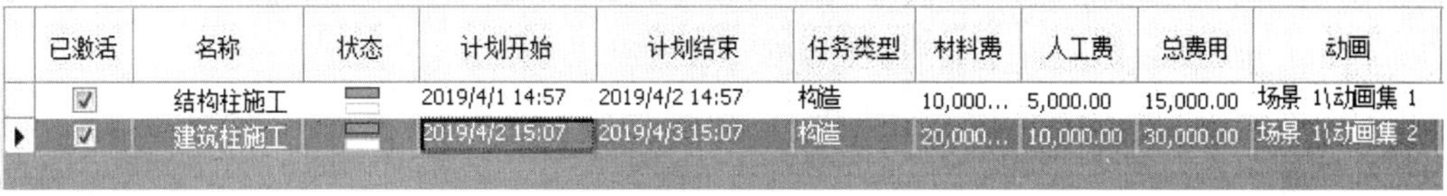

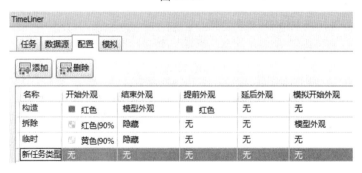

| | 已激活 | 名称 | 状态 | 计划开始 | 计划结束 | 任务类型 | 材料费 | 人工费 | 总费用 | 动画 |
|---|---|---|---|---|---|---|---|---|---|---|
| | ☑ | 结构柱施工 | | 2019/4/1 14:57 | 2019/4/2 14:57 | 构造 | 10,000... | 5,000.00 | 15,000.00 | 场景 1\动画集 1 |
| ▶ | ☑ | 建筑柱施工 | | 2019/4/2 15:07 | 2019/4/3 15:07 | 构造 | 20,000... | 10,000.00 | 30,000.00 | 场景 1\动画集 2 |

图 10.50

| 名称 | 开始外观 | 结束外观 | 提前外观 | 延后外观 | 模拟开始外观 |
|---|---|---|---|---|---|
| 构造 | 红色 | 模型外观 | 红色 | 无 | 无 |
| 拆除 | 红色(90% | 隐藏 | 无 | 无 | 模型外观 |
| 临时 | 黄色(90% | 隐藏 | 无 | 无 | 无 |
| 新任务类型 | 无 | 无 | 无 | 无 | 无 |

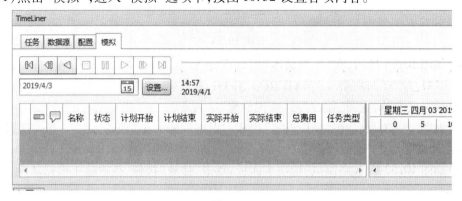

图 10.51

## 5.“模拟”选项卡设置

(1)点击“模拟”,进入“模拟”选项卡,按图 10.52 设置各项内容。

图 10.52

（2）如图 10.52 所示，点击"设置..."按钮，弹出"模拟设置"面板（图 10.53）。

（3）如图 10.53 所示，在"模拟设置"面板，点击"覆盖文本"区的"编辑"按钮，弹出"覆盖文本"对话框（图 10.54）。

图 10.53

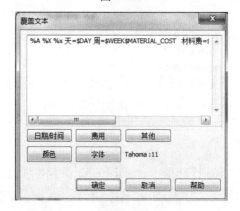

图 10.54

（4）如图 10.54 所示，在"覆盖文本"对话框输入"％A％X％x 天＝$ DAY 周＝$ WEEK $ MATERIAL_COST 材料费＝$ MATERIAL_COST 人工费＝$ LABOR_COST 总费用＝$ TO-TAL_COST"，点击"确定"按钮，返回"模拟设置"面板。

（5）如图 10.53 所示，在"模拟设置"面板，"时间间隔大小"项输入"5"，动画项选择"保存的视点动画"，点击"确定"按钮。

（6）如图 10.52 所示，"模拟"选项卡面板，点击"播放"按钮，播放施工模拟动画。

# 第 11 章　Dynamo 应用

## 11.1　Dynamo 基础知识

### 11.1.1　Dynamo 简介

Dynamo 由 Autodesk 公司推出,是一款功能十分强大,并且十分便捷的可视化编程软件。它可以和多款 Autodesk 公司的其他软件交互,适应各类使用人员的专业需求。

该软件可以让设计师通过图形化界面创建程序,不必从白纸开始一行行地写程序代码,而是简单地连接预定义功能模块,轻松创建自己的算法和工具。或者说,设计师不用写代码就可以享受到计算式设计的好处。

Dynamo 是免费的开源软件。开源软件(open-source)是指源码可以被公众使用的软件,并且此软件的修改和分发也不受许可证的限制。Dynamo 主要被散布在全世界的编程者队伍所开发,但是同时一些大学、政府机构承包商、协会和商业公司也开发它。

### 11.1.2　下载、安装、运行

**1. 下载**

软件安装文件包可以从 https://dynamobim.org 下载。

源代码则可以从 https://github.com/ikeough/Dynamo 下载。

从 Revit 2017 版本开始,在安装 Revit 时默认安装 Dynamo,早期版本需要手动下载安装。

**2. 安装**

如图 11.1 所示,在安装过程会让用户选择对 Revit 版本的支持。

**3. 运行**

(1)Dynamo 可单独运行。

(2)Revit 2017 之前的版本:"附加模块"→"Dynamo",如图 11.2 所示。

(3)Revit 2017 之后的版本:"管理"→"Dynamo",如图 11.3 所示。

(4)Dynamo 启动界面如图 11.4 所示。

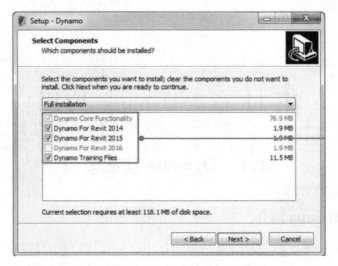

图 11.1

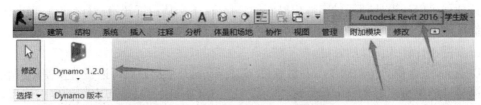

图 11.2

图 11.3

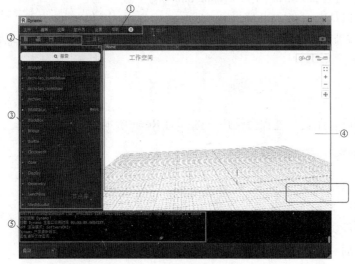

图 11.4

### 11.1.3　用户界面

如图 11.5 所示,Dynamo 的界面分为 5 部分:①菜单栏;②工具栏;③节点库;④工作空间;⑤控制台。

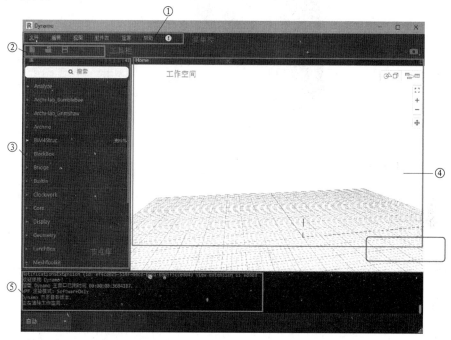

图 11.5

### 11.1.4　工作空间

工作空间可进行表单空间与模型空间的切换。图 11.6 为表单空间;图 11.7 为模型空间,只显示模型。

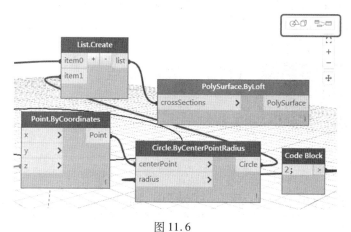

图 11.6

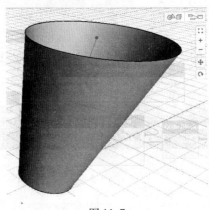

图 11.7

### 11.1.5　节点库

节点库(Library)包含多个节点的容器。不同的节点库,有不同的特定功能的各类节点。节点库内容见表 11.1。

表 11.1　节点库

| 序号 | 名称 | 内容 |
| --- | --- | --- |
| 1 | Analyze | 分析 |
| 2 | Builtin | 内置各种操作 |
| 3 | Core | 核心,包括各种函数和数组操作 |
| 4 | Display | 显示和颜色设置 |
| 5 | Geometry | 绘制几何图形 |
| 6 | office | 与 office 软件交互 |
| 7 | Operators | 数学运算符 |
| 8 | Revit | 与 Revit 交互 |

# 11.2　常用节点

### 11.2.1　输入节点

**1. 输入节点内容**

Dynamo 输入节点位于:"节点库"→"Core"→"Input",输入节点的具体内容见表 11.2。

表 11.2　输入节点

| 序号 | 名称 | 意义 | 序号 | 名称 | 意义 |
|---|---|---|---|---|---|
| 1 | Boolean | 允许用户选择"真"或"假" | 5 | Integer Slider | 整数滑块 |
| 2 | String | 输入字符串 | 6 | NumberSlider | 实数滑块 |
| 3 | Number | 输入数值 | 7 | FilePath | 选择一个文件来获取其文件名 |
| 4 | Date Time | 输入时间值 | 8 | Directory Path | 选择一个目录以获取其路径 |

### 2. Boolean 节点

（1）点击"节点库"→"Core"→"Input"→"Boolean"，在工作空间放置"Boolean"节点。

（2）在"Boolean"节点选择"True"。

（3）点击"节点库"→"Core"→"View"→"Watch"，在工作空间放置"Watch"节点。

（4）如图 11.8 所示，连接两个节点。

（5）点击"运行"按钮，"Watch"节点显示为"True"。

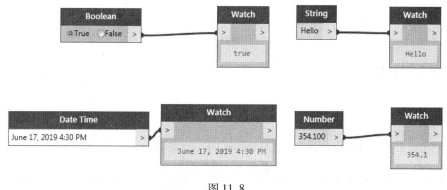

图 11.8

### 3. Number 节点

（1）点击"节点库"→"Core"→"Input"→"Boolean"，在工作空间放置"Number"节点。

（2）在"Number"节点输入 354.1。

（3）点击"节点库"→"Core"→"View"→"Watch"，在工作空间放置"Watch"节点。

（4）如图 11.8 所示，连接两个节点。

（5）点击"运行"按钮，"Watch"节点显示为数值 354.1。

### 4. Integer Slider 节点

（1）点击"节点库"→"Core"→"Input"→"Integer Slider"，在工作空间放置"Integer Slider"节点。

（2）在"Integer Slider"节点（图 11.9（a）），点击左侧的向下按钮，打开"Integer Slider"节点扩展（图 11.9（b））。

（3）如图 11.9(c)所示，在"Integer Slider"节点，修改"Min"项为 100；修改"Max"项为 200；修改"Step"项为 10。点击左侧向上按钮，"Integer Slider"节点收缩（图 11.9(d)）。

（4）移动滑块，数值以 10 的间距增长。

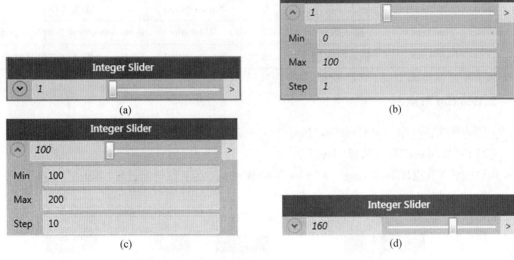

图 11.9

## 11.2.2　计算

### 1. 普通计算

普通计算节点位于"节点库"的"Operators"下，输入节点具体内容见表 11.3。

表 11.3　输入节点

| 序号 | 名称 | 意义 | 序号 | 名称 | 意义 | 序号 | 名称 | 意义 |
|---|---|---|---|---|---|---|---|---|
| 1 | + | 加 | 6 | = = | 等于 | 5 | >= | 大于等于 |
| 2 | - | 减 | 7 | ! = | 不等于 | 6 | && | 与 |
| 3 | * | 乘 | 8 | < | 小于 | 7 | \|\| | 或 |
| 4 | / | 除 | 9 | > | 大于 | 8 | Not | 否 |
| 5 | % | 求余 | 10 | <= | 小于等于 | | | |

例：如图 11.10 所示，放置"＊"节点及所需节点。运行后，在"Watch"节点显示为 10。

### 2. 科学计算

科学计算节点位于，"节点库"→"Core"→"Math"下，包含三角函数、反三角函数、对数、取整、平均值、求和等大量计算用函数，如图 11.10 和图 11.11 所示。

例：如图 11.11 所示，分别放置"sin"节点和"log"节点及所需节点运行后，在"Watch"节点分别显示为 0.5 和 4。

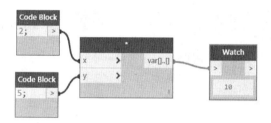

图 11.10

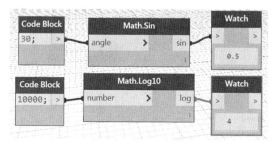

图 11.11

### 11.2.3　list 数据处理

"list"数据处理的节点均位于"节点库"→"Core"→"list"下。

#### 1. 创建列表

如图 11.12 所示,创建"list"节点均位于"节点库"→"Core"→"list"→"Create"下。

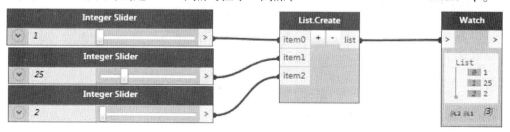

图 11.12

"Sequence"节点用于产生一个数字列表。如图 11.13 所示数字列表从输入的"start"开始,然后按输入"step"递增,数字列表个数是输入的"amount"。在这个例子中,我们创建了一个由 5 个数字组成的数字列表,数字列表从 1 开始,依次递增至 10。

#### 2. 操作列表

"list"编辑节点均位于"节点库"→"Core"→"list"→"Action"下。

(1)"Add Item To End"(图 11.14)。

(2)"Clean"(图 11.15)

(3)"Count"(图 11.16)

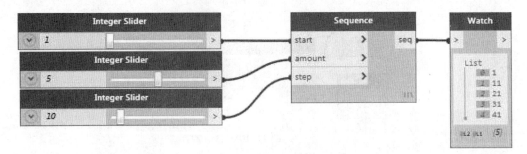

图 11.13

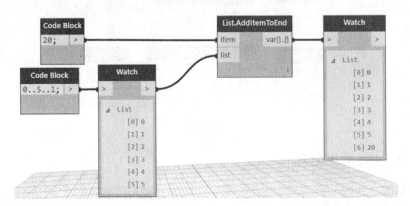

图 11.14

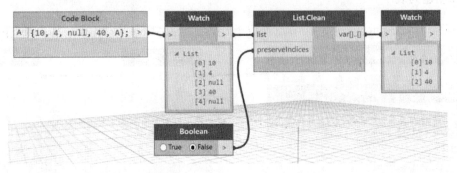

图 11.15

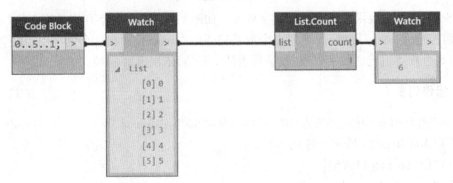

图 11.16

### 11.2.4　"Flatten"节点

"Flatten"数据处理的节点位于"节点库"→"BuiltIn"→"Action"下。

(1)如图 11.17 所示,在图表视图放置节点并连接,运行后,"Watch"节点显示运行结果。

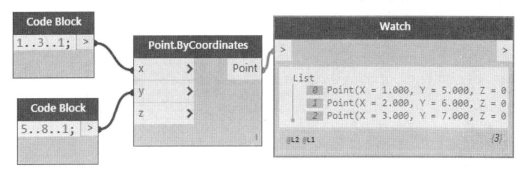

图 11.17

(2)按图 11.18 所示,在"Point.ByCoordinates"节点右下角,点击右键。在弹出菜单,选择"连缀"→"叉积"。运行后,产生二维数组,"Watch"节点显示运行结果(图 11.19)。

(3)如图 11.19 所示,添加"Flatten"节点并连接。运行后,二维数组变为一维数组,"Watch"节点显示运行结果(图 11.20)。

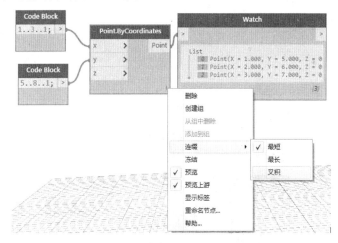

图 11.18

### 11.2.5　流程判断

流程判断节点均位于"节点库"→"Core"→"Logic"下。

(1)点击"节点库"→"Core"→"Logic"→"If",放置"If"节点。

(2)在图 11.21 所示界面,放置其他节点并连接,"Boolean"节点选择"false"。运行后显示"false"的结果 5。

(3)如图 11.22 所示,"Boolean"节点选择"True"运行后显示"True"的结果为 2。

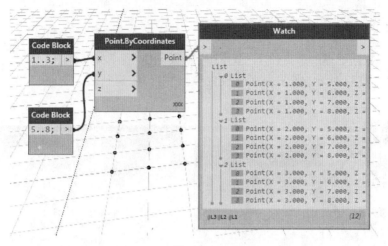

图 11.19

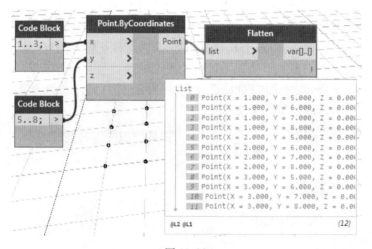

图 11.20

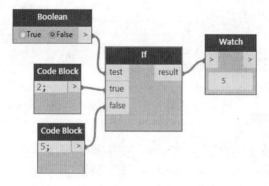

图 11.21

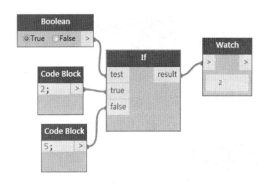

图 11.22

## 11.2.6　自定义节点

在工作空间的图表视图,双击鼠标左键,就会产生如图 11.23 所示的自定义节点。

如图 11.24 所示,选中自定义节点,点击鼠标右键,在弹出菜单选择"重命名节点…",弹出"编辑节点名称"对话框(图 11.25)。

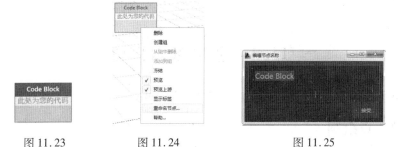

图 11.23　　　　　　　图 11.24　　　　　　　图 11.25

如图 11.26 所示,在"编辑节点名称"对话框输入"墙起点 Y 坐标",点击"接受"按钮。如图 11.27 所示,节点名称被修改为"墙起点 Y 坐标"。

如图 11.28 所示,在自定义节点输入"x+y"。

图 11.26　　　　　　　图 11.27　　　　　　　图 11.28

如图 11.29 所示,在工作空间的图表视图点击左键鼠标或按"Esc"键,自定义节点左侧会出现两个输入"x"和"y",一个输出">"。

按图 11.30 所示,放置节点并连接。运行后"Watch"节点显示为"7",验证了自定义节点"墙起点 Y 坐标"的功能。

图 11.29

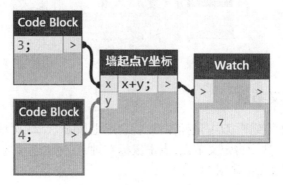

图 11.30

## 11.3　图形基本操作

Dynamo 图形绘制与编辑节点均位于"节点库"的"Geometry"。

### 11.3.1　点绘制

Dynamo 点绘制节点位于:"节点库"→"Geometry"→"Point"。

**1. "ByCoordinates(x,y,z)。"**

如图 11.31 所示。

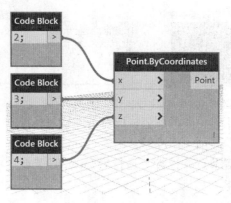

图 11.31

**2. "Origin"**

如图 11.32 所示。

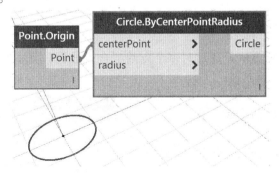

图 11.32

## 11.3.2  直线绘制

Dynamo 直线绘制节点位于:"节点库"→"Geometry"→"Point"。

(1)"ByStartPointDirectionLength"。

如图 11.33 所示,该方法是通过输入起点、长度、方向绘制直线。

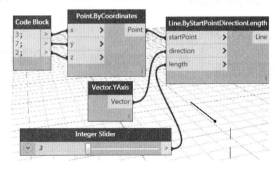

图 11.33

(2)"ByStartPointEndPoint"。

如图 11.34 所示,该方法是通过输入起点、终点绘制直线。

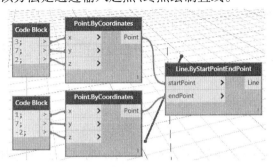

图 11.34

### 11.3.3　圆绘制

Dynamo 圆绘制节点位于："节点库"→"Geometry"→"Circle"。

**1."ByBestFitThroughPoints"**

如图 11.35 所示,该方法是通过对多个点的拟合生成圆。其中"RandomList"节点的功能是随机生成规定数量的列表。

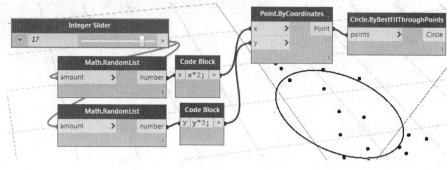

图 11.35

**2."ByCenterPointRadiusNormal"**

如图 11.36 所示,该方法是通过输入圆心、半径、法向方向绘制圆。

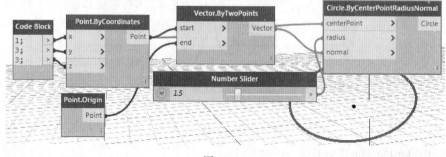

图 11.36

**3."CenterPoint"和"Radius"**

如图 11.37 所示,Center Point 和 Radius 分别是获得圆的圆心和半径。

### 11.3.4　创建实体

**1. 圆柱绘制**

如图 11.38 所示,Dynamo 通常采用"ByPointsRadius"节点绘制圆柱。
节点位于:"节点库"→"Geometry"→"Cylinder"→"ByPointsRadius"。

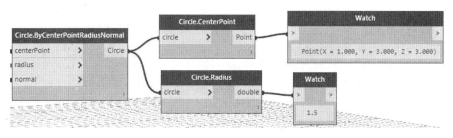

图 11.37

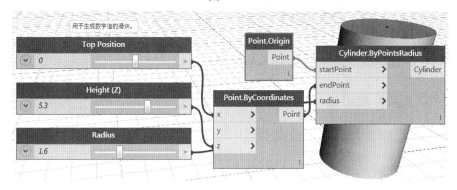

图 11.38

## 2. 球体绘制

如图 11.39 所示,Dynamo 通常采用"ByCenterPointRadius"节点绘制球体。
节点位于:"节点库"→"Geometry"→"Sphere"→"ByCenterPointRadius"。

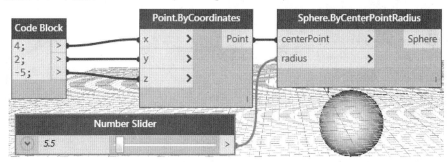

图 11.39

## 3. 长方体绘制

如图 11.40 所示,Dynamo 通常采用"ByLengths"节点绘制球体。
节点位于:"节点库"→"Geometry"→"Cuboid"→"ByLengths"。

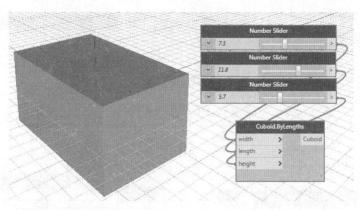

图 11.40

### 11.3.5　实体编辑

**1. "Difference"**

"Difference"节点可实现一个实体与另一个实体的布尔差集。

节点位于"节点库"→"Geometry"→"Solid"→"Difference"。

(1)如图 11.41 所示,布置"ByLengths"和"ByCenterPointRadius"绘制长方体和球体。

(2)布置"Difference"节点,获得长方体和球体的布尔差集。

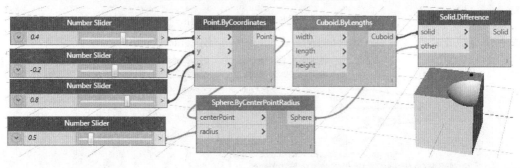

图 11.41

**2. "Union"**

"Union"节点可实现一个实体与另一个实体的布尔并集。

节点位于:"节点库"→"Geometry"→"solid"→"Union"。

采用"Union"节点替换图 11.41 所示的"Difference"节点,结果如图 11.42 所示。

**3. "Area""Volume"和"Centroid"**

"Area"节点、"Volume"节点和"Centroid"节点分别对应实体的表面积、体积和质心。

如图 11.43 所示,布置"Area"节点、"Volume"节点和"Centroid"节点,并按图示连接,点击运行,在"Watch"节点显示三维实体的体积、表面积和质心。

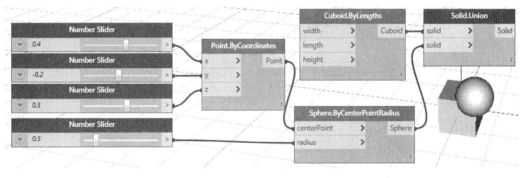

图 11.42

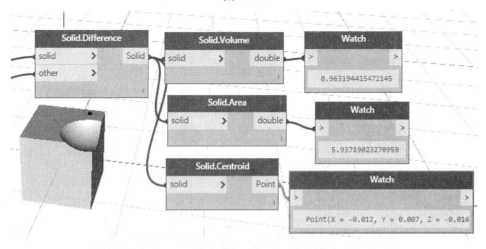

图 11.43

## 11.4　Dynamo 与 Revit 交互

### 11.4.1　获取 Revit 图元与实体

（1）Dynamo 通过"Select Model Element"和"Select Model Elements"在 Revit 中选择图元。打开本书资源 11-1。如图 11.44 所示，图中有两道墙和一个楼板。

（2）如图 11.45 所示，单击"附加模块"选项卡→"可视化编程"面板→"Dynamo"选项。

（3）新建"Dynamo"文件。

（4）点击"节点库"→"Revit"→"Selection"→"Select Model Element"。

（5）点击"节点库"→"Revit"→"Selection"→"Structural Framing Types"。

（6）如图 11.46 所示，在"Select Model Element"节点，单击"选择"按钮，在 Revit 中选择一道墙，返回"Dynamo"。如图 11.47 所示，"Select Model Element"节点显示墙的 ID 号。

（7）如图 11.46 所示，在"Select Model Elements"节点，单击"选择"按钮，在 Revit 中选择全部图元，返回"Dynamo"。如图 11.48 所示，"Select Model Elements"节点显示所有图元的 ID 号。

图 11.44

图 11.45

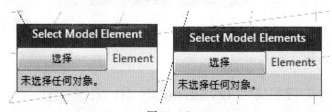

图 11.46

图 11.47

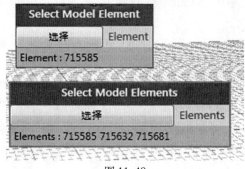

图 11.48

## 11.4.2　网轴绘制

### 1. 节点

（1）"ByStartPointEndPoint"。

如图 11.49 所示，"ByStartPointEndPoint"节点的功能，是利用节点输入的"start"（起点）和"end"（终点）绘制网轴。

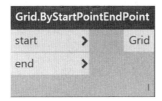

图 11.49

注：在 Dynamo 中"start"（起点）可以是一个点也可以是多个点。本例中"start"（起点）和"end"（终点）输入的就是多个点。

（2）"Element. SetParameterByName"。

如图 11.50 所示，"SetParameterByName"节点的功能，是利用输入的"element"（图元）、"parameterName"（属性名）和"value"（值），更改图元的属性值。

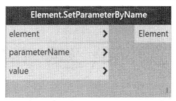

图 11.50

（3）"String from Object"。

如图 11.51 所示，"String from Object"节点的功能，是将对象转化为字符串。

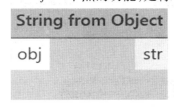

图 11.51

### 2. 输入（图 11.51、图 11.52）

（1）"x""y""z"节点为网轴绘制的起始点。

（2）"Integer Slider"滑块节点控制网轴数量。

（3）"轴线间距"滑块节点控制轴线间距。

（4）"轴线长度"滑块节点控制轴线长度。

（5）"Integer Slider"节点网轴名称序号的起始点。

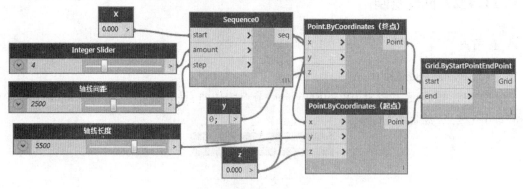

图 11.52

## 3. 步骤

（1）通过"Sequence0"节点生成网轴的 $x$ 坐标序列（图 11.52）。

（2）通过两个"Point. ByCoordinates"节点生成网轴两端的坐标序列（图 11.52）。

（3）通过"Grid. ByStartPointEndPoint"节点生成网轴图形（图 11.52）。

（4）通过"Sequence1"节点生成网轴名称序号数字序列（图 11.53）。

（5）通过"String from Object"节点将数字序列转化为字符串序列（图 11.53）。

（6）通过"Element. SetParameterByName"修改网轴名称（图 11.53）。

（7）绘图结果如图 11.54 所示。

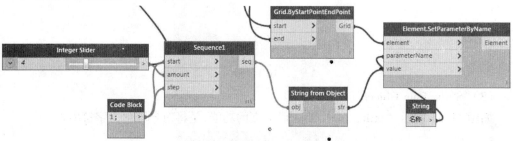

图 11.53

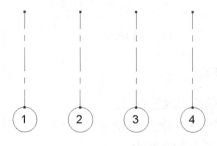

图 11.54

### 11.4.3 墙体绘制

**1. 节点**

（1）"Wall Types"。

通过点击"节点库"→"Revit"→"Selection"→"Wall Types"进入。

如图 11.55 所示,用户可利用"Wall Types"节点选择项目中的墙体类型。

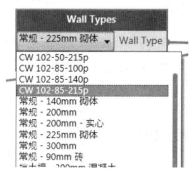

图 11.55

（2）"Levels"。

"节点库"→"Revit"→"Selection"→"Levels"进入。

如图 11.56 所示,用户可利用"Levels"节点选择项目中的已有标高。

（3）"Wall. ByCurveAndHeight"。

通过点击"节点库"→"Revit"→"Elements"→"Wall. ByCurveAndHeight"进入。

如图 11.57 所示,"Wall. ByCurveAndHeight"节点的功能,是按输入的"curve"（曲线）、"height"（高度）、"level"（标高）、"wallType"（墙类型）绘制墙体。

图 11.56

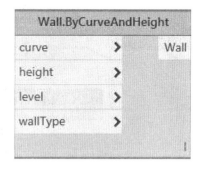

图 11.57

**2. 步骤**

（1）通过两个"Point. ByCoordinates"得到节点墙两端的坐标序列（图 11.58）。

（2）通过"Line. ByStartPointEndPoint"绘制线（图 11.59）。

（3）通过"Wall. ByCurveAndHeight"节点在 Revit 中绘制墙（图 11.59）。

（4）Revit 中绘制结果如图 11.60 所示。

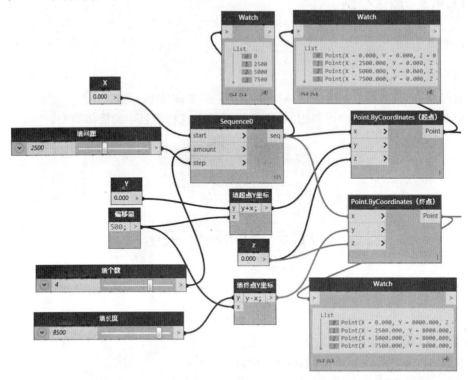

图 11.58

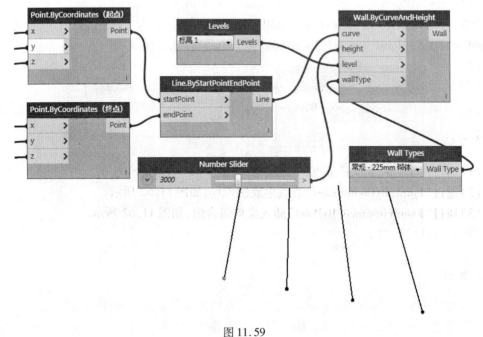

图 11.59

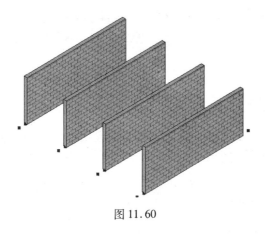

图 11.60

# 11.5　Dynamo 实例

## 11.5.1　布置桌椅

**1. 简介**

本节实例介绍在一定空间布置族的方法。

**2. 节点**

(1)"Family Types"。

"节点库"→"Revit"→"Selection"→"Family Types"。

用户可利用"Family Types"节点选择项目中的族类型。

(2)"FamilyInstance. ByPoint"。

"节点库"→"Revit"→"Elements"→"Family Instance"→"By Point"。

用户可利用"FamilyInstance. ByPoint"节点向项目在指定点插入项目中已有的指定族。

**3. 步骤**

(1)通过两个"Sequence"节点,生成 x、y 坐标序列,如图 11.61 所示。

(2)通过"Point. ByCoordinates"节点生成插入点,如图 11.62 所示。

(3)通过"FamilyInstance. ByPoint"插入桌椅组合组,如图 11.62 所示。

(4)运行结果如图 11.63、图 11.64 所示。

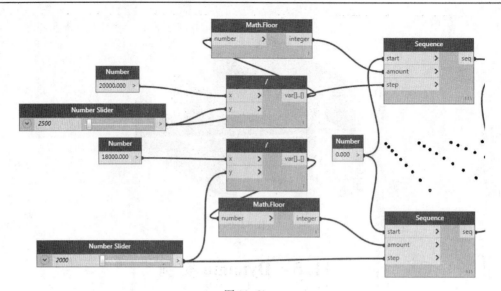

图 11.61

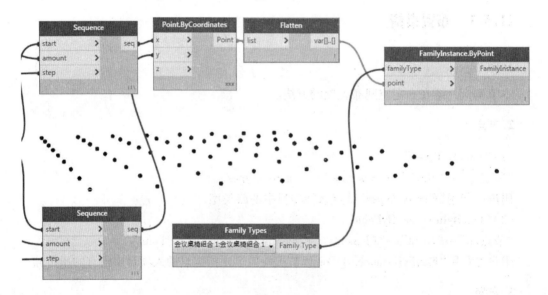

图 11.62

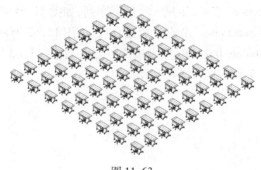

图 11.63

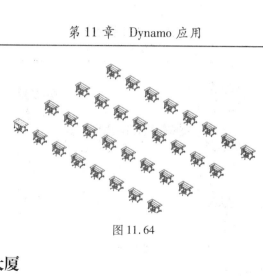

图 11.64

## 11.5.2　梦露大厦

### 1.简介

工程名称:Absolute Tower

建筑高度:170 m

工程地点:加拿大,密西沙加市

建筑层数:56 层

建筑总面积:45 000 m²

设计师:马岩松早野洋介党群

　　如图 11.65 所示,Absolute Tower 有 56 层:1~10 层,每层旋转 1°;11~24 层,每层旋转 8°;25~40 层,每层旋转 8°;41~50 层,每层旋转 3°;最后 6 层每层旋转 1°。如要详细了解,请参看本书资源 11-2。

　　梦露大厦 Dynamo 设计分三部分:旋转角度计算、墙体设计、外部平台设计。

图 11.65

### 2.旋转角度计算

(1)计算大厦第一部分 1~10 层的旋转角度(图 11.66)。

(2)设计函数 NumCv 计算大厦不同楼层的旋转角度。函数程序如下:

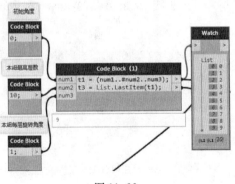

图 11.66

```
defNumCv(t5,num4,num5)
{
    t4 = t5+num4;
    num1 = t4;
    num2 = num5;
    num3 = num4;
    t1 = (num1..#num2..num3);
    return = t1;
};
```

(3)图 11.67 所示为大厦第二部分(11～24 层)的旋转角度计算,其余各部分楼层角度计算均可按此方法进行。

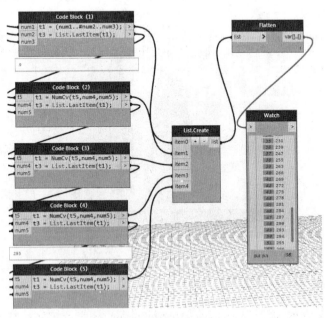

图 11.67

(4)如图 11.68 所示,将各大厦各部分旋转角度通过"List. Create"节点添加到列表中,利用"Flatten"节点将列表变为一维数组,结果可在"Watch"节点查看。

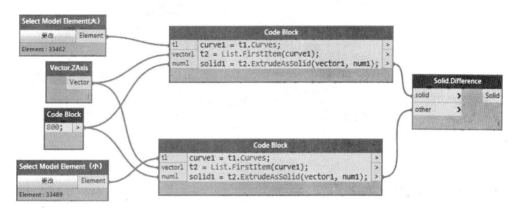

图 11.68

## 3. 墙体设计

(1)打开本书资源 11-1 文件,如图 11.69 所示,项目中有一大一小两个椭圆。

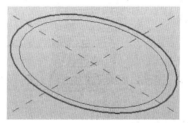

图 11.69

(2)如图 11.70 所示,通过"Select Model Element"节点读入两个椭圆,利用"List. FirstItem"节点获得轮廓线。

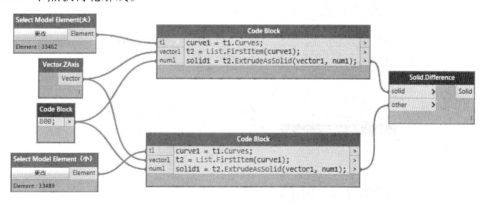

图 11.70

(3)如图 11.71 所示,通过"Geometry. Translate"节点内部椭圆轮廓线向上垂直复制 55 个,间距为 3500,结果如图 11.72。

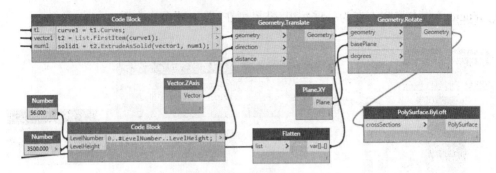

图 11.71

图 11.72

（4）如图 11.71 所示，通过"Geometry. Rotate"节点将 56 个椭圆轮廓线按第一步计算出各层的旋转角度进行旋转，结果如图 11.73 所示。

（5）如图 11.71 所示，通过"Poly Surface. ByLoft"节点利用旋转后的 56 个椭圆轮廓线生成大厦外墙，结果如图 11.74 所示。

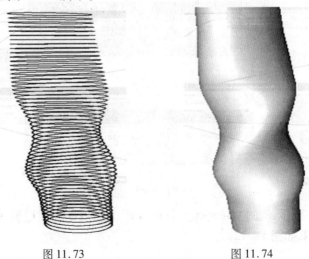

图 11.73　　　　　　　图 11.74

**4. 平台设计**

（1）如图 11.70 所示，通过"Extrude AsSolid"节点将两个椭圆向上垂直拉伸 800，生成两个截面为椭圆的三维模型。

（2）如图 11.75 所示，通过"Solid. Difference"节点求得两个截面为椭圆的三维模型的差集，结果如图 11.72 所示。

（3）如图 11.75 所示，通过"Geometry. Translate"节点将上一部形成的椭圆环形向上垂直复制 55 个，间距为 3 500，结果如图 11.77 所示。

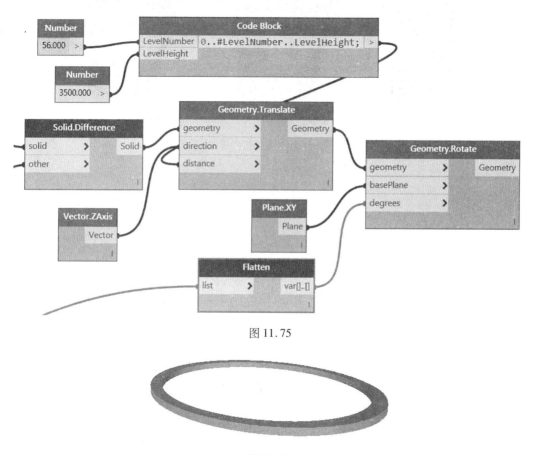

图 11.75

图 11.76

（4）如图 11.75 所示，通过"Geometry. Rotate"节点将 56 个椭圆环形按第一步计算出各层的旋转角度进行旋转，结果如图 11.78、图 11.79 所示。

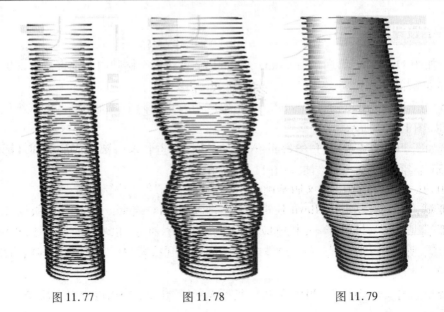

图 11.77　　　　　图 11.78　　　　　图 11.79

# 参考文献

［1］欧特克(中国)软件研发有限公司.Autodesk Revit MEP 技巧精选［M］.上海:同济大学
　　出版社,2015.

［2］李恒,孔娟.Revit 2015 中文版基础教程［M］.北京:清华大学出版社,2015.

［3］黄亚斌,王全杰,赵雪锋.Revit 建筑应用实训教程［M］.北京:化学工业出版社,2016.

［4］黄亚斌,王全杰,杨勇.Revit 机电应用实训教程［M］.北京:化学工业出版社,2016.

［5］杨新新,耿旭光,王金城.Revit2019 参数化从入门到精通［M］.北京:中国电力出版社,
　　2019.

［6］益埃毕教育.Navisworks 2018 从入门到精通［M］.北京:中国电力出版社,2017.

# 参考文献